不勝防的卑鄙大人

距離，暗箭傷人才是本性！

精神科名醫教你打敗暗黑人性，
跨越職場與人生中的種種難關！

目錄

第五章 令你吐血的人性—膽小懦弱、自私自利 72

第八章 你不知道的「壞情緒」的好處——讓阿德勒、達爾文幫你與情緒共處，對抗職場難關 158

推薦序

對抗「惡」勢力，從認識人性開始

黃醫師是我認識多年的好友。開始認識他的時候，他剛從美國回來，我們一同在台大受訓。我對他的熱情的印象，從他帶我去吃台大附近各類的小吃開始，而他的熱情更展現在他的專業，隨著他對認知心理學及精神醫學的專業，他常常帶著我思考並分析著身邊的案例。

人一生中和職場的人相處的時間很久，如何分辨人的意向並與其互動，進而能維持自己的情緒穩定，是職場勝利的關鍵要素。黃醫師藉著他的專業，教導我們如何去辨識身邊的人，維持好人際的界線。診間中發現許多人在職場遇到挫折，以至於需要一段療傷期，因此學習主動辨認對方不良的企圖，在最快的時間裡面予以適當的反擊，是免於對方繼續用慣性的行爲欺負你的一種好方式，也是保護彼此的妙招。我強烈推薦此書，相信各位親讀此書加以應用後，必能增進自身安全及團隊效益。

三軍總醫院精神醫學部部主任
葉啟斌

打敗暗黑人性——職場轉敗為勝的勇氣與智慧

人寧可接受簡單明確的口號、信條，相信違反邏輯的推論，卻總是忽略生命中無處不在的事實。

譬如說當年挑起食安風暴的塑化劑事件，不管是媒體、立法委員，一面倒的要求塑化劑零檢出，事實是所有的寶特瓶、塑膠容器都會溶出塑化劑，連醫院用的塑膠點滴瓶也一樣，要求塑化劑零檢出，這不是瘋了嗎？到現在呢？寶特瓶跟塑膠容器依然無所不在，我相信這裡面一樣有塑化劑的存在，是那個信誓旦旦要為人民安全把關的媒體標準變了？還是當年硬要衛生署長下台負責的立法委員忙到忘啦？人是健忘的、情緒的、昨非而今是的，寧可跟著眾人一起，不管是非或代價，一起吶喊、亂喊。

職場上其實也是如此，大家都知道人需要休息，可是老闆就是要效法台灣經營之神王永慶、當代首富郭台銘先生的「用力」管理，榨出員工的每一滴績效。我有一個在台＊相關企業工作的病人形容得很傳神：「你在那家企業上班，會覺得只要閒下來五分鐘沒做事，一堆人的眼光就像箭一樣從四面八方射過來。」員工的心智已經被塑形到就像經營之神一樣，合力盯著旁邊的人一起努力工作。

做一位精神科醫師，我什麼樣的病人好像都有，從遊民到大公司的老闆，從四歲的小孩到九十幾歲的老人，但是最多的應該還是上班族。有一天來了一位金融業的小主管，她每天上班前就開始很焦慮，上班時間更是如坐針氈，恨不得趕快下班，原因是—她前面坐了兩個工作多年、比她資深很多的屬下，卻從來都不跟對方講話，進了辦公室就像被凝結在冷凍庫裡。就這樣工作了快一年，她覺得自己快被逼瘋了，可是聽說這樣的情形已經持續了好幾年，每一任主管都待不了多久就趕快請調離開。

「爲什麼？」

「不知道。」

「有辦法個別約談，各個擊破嗎？還是把其中一個調離開呢？」

「她們都說沒事啊！反正事情都有做好，沒什麼話好講。」

正常嗎？有些夫妻離了婚還住一起，只是都不講話，這我還可以理解，一切都是為了孩子跟經濟，但是同一個辦公室裡數年都不跟對方講話，而且還沒人把她們其中之一調離開？據說因為上面覺得沒必要，這才更奇怪。最可能的是這兩個人都是職場超難搞的人，容易製造情緒上的霸凌，調到別的單位會製造更多的問題。那為什麼不讓他們離開公司呢？最可能的是這兩個人都會把自己份內的事做好，找不到足夠的理由解雇他們。這種情緒霸凌同事，製造團隊困擾，甚至讓長官都不好做的人少見嗎？在職場待過一陣子的人大概都知道，不曾遇到過的真是要媽祖保佑，可以每天快樂的去上班、有效率的工作，運氣很好。

漠視跟輕忽人性的暗黑與複雜

人性本來就是很奇怪的東西，我們習慣用二分法，把事情簡單化，喜歡依賴慣性或直覺。但是在職場中，多的是失敗跟挫折，而且即使人性的眞相很清楚，我們還依然疑惑與不解，因為──**「我們習慣漠視跟輕忽人性的暗黑與複雜，寧可相信人性本善、相信老闆英明、相信善惡到頭終有報」**。要在職場上成功有很多因素，運氣這種可遇不可求的東西就不用講了，但是像「跟對老闆」、「有計畫的學習」、「在惡性鬥爭中獲勝」，這些可以靠──**經驗、智慧跟勇氣**。

歷史一再告訴我們，偷懶不學習、盲從不思考、不以人為鏡、不以史為鑑，結局往往不太好。就像當初共享單車推出的時候，大受歡迎跟好評，引起投資者競相投入。但是在短短的三年之內，卻一家接著一家的倒閉，留下一座又一座巨大的單車墳場，還有很多血本無歸的衆多投資者。其實，P2P借貸平台跟分享經濟有異曲同工之妙，一窩蜂開設，吸收許多人的畢生積蓄，結果何嘗又不是如此。

二〇一八年下半年Ｐ２Ｐ成千上百的倒閉，誰知道倒了多少人，賠光了多少人。據中國《證券時報》報導，杭州的報案人多到將兩個體育館擠到密密麻麻，他們自稱「**難民**」。門診中也常遇到因爲替親戚朋友作保，結果終生都在還債的病人；還有很多被說服去中國大陸做生意，卻損失幾千萬，得了憂鬱症回來故鄉的台商，這些也都是「**難民**」吧？

是的，這世界裡有很多難民，但不管是因爲戰爭、政爭、宗教、詐欺，他們其實都是人性闇黑面的犧牲品。

您說這種「相信人性本善」，把數以百萬計的單車投放在都市每個角落，認爲大家會好好使用、不會出問題，這對人性是多麼離譜的錯判啊！你說只會發生在強國人身上，錯！即使在歐美先進國家，也發現有隨地棄置跟嚴重妨礙交通的問題。而追求高收益、忽視金融風險管制的Ｐ２Ｐ，爲什麼可以吸引這麼多的人？這些代表的不就是最普遍不過，人性的自私、貪婪與邪惡的黑暗面，不是嗎？

其實台灣幾乎是詐騙集團的王國，每次接到莫名的電話，說什麼銀行、電商，或者電信公司打來的，都要想一下是不是詐騙集團。有人很喜歡說：「台灣最美的是好客、淳樸的人性」，但事實卻也是，「台灣人因爲詐騙橫行，要時時提高警覺過生活，到處是騙子」。那種類似老鼠會，以超高投資報酬率誘騙民眾的投資公司，也一直不斷在發生，騙子們讓人傾家蕩產卻無絲毫罪惡感。這在在都顯示了一般人普遍的貪婪，與社會中某些人極度邪惡的本質。根據研究的結果，這不是那麼值得訝異，**社會中至少有四%的人是毫無良心的反社會人格。**

您是職場的難民嗎？職場中您被霸凌過嗎？您曾經是人性黑暗面的受害者嗎？

請回想一下：

- 你會因爲別人對權力的貪婪而被造謠中傷嗎？
- 你會因爲長官的私心自用而被不公平的對待嗎？

- 你曾爲公司盡心盡力，反而被討厭、被嫌棄，甚至被拋棄嗎？
- 你相信「人性本善」，反而被人狠狠傷害，甚或遭遇嚴重的損失嗎？
- 你相信只要「心中有愛」，一切都會迎刃而解，卻因爲人性的自私而失望透頂嗎？
- 你會相信「**正義原則**」，等待惡有惡報，卻總是壞人得勢，好人被欺壓霸凌，而超鬱卒嗎？

很多人終其一輩子覺得自己要做好人，待人處事要堅持是非，卻職場不得志、抑鬱寡歡。因爲他們「**相信**」老闆應該是公正英明的，「**相信**」這世界善惡終究有報，但卻老是被委屈、被欺負，甚至還被霸凌。雖然得不到正義公平讓人又氣又恨，卻又束手無策，往往連問題到底出在哪裡都不知道，最後甚至懷疑是不是自己的錯？就這樣日復一日、年復一年，還是堅持相信這是一個「**人性本善**」的世界，相信只要「**心中有愛**」，一切應該都會解決，正義終將勝利？！

誰說的？不是很多書本、很多演講都是這麼說的嗎？爸爸媽媽、學校老師、講台上的長官們不都是從小就這樣告訴我們的嗎？是他們欺騙我們嗎？

那為什麼他們自己收賄、貪污、做壞事，還滿嘴仁義道德呢？有一個收費很貴的課程，專門講愛與溝通，每次都囑咐學員們回去要擁抱自己的同事、家人，相信愛的力量。我是不知道大家學習的結果好不好啦？我妹妹去上過，她說一開始很「感動」，但是一旦奉行，心裡就很「冷凍」，因為人眞的超「難搞」。

數十年前有一本書叫《**厚黑學**》很有名，職場中很多的疑惑在其中都可以找得到解答，但是絕大部分的人只要見到「**厚**」、「**黑**」二字，心裡就是不舒服，好像見到侏儸紀公園裡跑出來的恐龍一樣。即使作為一個很瞭解人性闇黑的精神科醫師，接到出版社編輯的邀約，希望我寫一本關於職場人性黑暗面的書，一開始有點想逃避，試圖只想從光明面來寫職場。但是熟知人性的編輯把合約拿了出來，「鼓勵」我要勇敢以對，讓大家能夠用正面的態度去戰勝職場中的「**厚**」與「**黑**」。

令我納悶的是像《**甄嬛傳**》、《**延禧攻略**》裡清朝嬪妃間的爭寵、爭位，本質上不就是「謀略」＋「厚黑」嗎？大家看得不亦樂乎，但是卻不會去聯想到在眞實世界中，其實同事也會無端用謀略排擠你、霸凌你；因爲貪圖升職或利益，不擇手段陷害你。至於厚著臉皮的馬屁精、愛說謊、推諉卸責的人更比比皆是。可是大部分的人就是不信邪，不愛聽實話，堅持沒有一個人眞的是邪惡的，每一個人做壞事的背後都應該有一個合理的解釋，像惡劣的家庭、悲慘的童年、被霸凌、缺乏安全感、交友不愼等等，其實人性眞的「都」是「本善」。講「厚」與「黑」的人本身就是有問題，不夠善良、不夠厚道，沒有同理心。

實情是職場中往往充滿敵意與競爭，必須洞悉人性才能順利往前邁進

職場裡爾虞我詐本來就難以避免，短視一點的人搶升官、搶獎金，連誰平常可以走在老闆旁邊也要搶。像我醫學系的同學們，有些人從一進大學就在拚成績，甚至專門去選修一些容易拿超高分的課程，爲的就是七年後在選科別的時候佔優勢，像當年的皮膚科、眼科、婦產科都只收前十名的學生。

等到被選上了開始做住院醫師，就處心積慮的想著幾年後該怎麼留下來當主治醫師，誰是可能的競爭對手，展開各種明爭暗鬥；當上主治醫師就想著要怎樣跟對老師，以後才能快點當教授、當主任。

倒不是所有的人都會用謀略對付你，但是會害到你的也不是只有沒良心的「厚」與「黑」而已，人性裡求生存的本能、莫名的忌妒也很可怕。這是一個發生在國際藥廠的眞實故事，有一個人被挖角到世界排名前十名的製藥公司，他的職位是處長，只需對總經理直接報告。總經理很賞識他，在這位處長加入公司不到一個月的時間，於某次高層會議中提到自己已經擔任總經理很久了，也該退休了，這位新處長很優秀，或許他是未來的繼承者。

這位新處長當下心裡覺得不妙，卻也不知道該怎麼回應，因爲他知道總經理雖然是好意，但是其他重要部門的三位處長都是已經待在公司超過二十年的「老」臣，至少有兩個人都企盼自己成爲下任總經理。過了一陣子他從公司的亞洲區總部得知，其實總公司想要的是大改組，所有的舊處長大概都無一倖免的會在三年內離開公司，包括總經理也是。

後來總經理因爲被財務長告密中傷，不到一年就被迫離職，沒有辦法如他原先的計畫培養這個新處長來擔任繼承者。因爲事出突然，總部竟然連繼任人選都沒有，只好找香港的總經理暫時兼任，直到半年後才找來一個大陸人接任。消息宣布後竟然出現黑函，EMAIL發給公司的全部員工，說這位大陸同事不適任總經理，之前有過什麼劣跡，要求大家集體抵制。大家都在猜是那位最想當總經理的財務長搞的鬼，但就是查不出是誰發的信件，最後還是由內定的新總經理上任。

這位新處長其實從上任之後就不斷的遭受挑戰，明槍暗箭到應接不暇，他的表現還是相當不錯，一連拿了兩、三個大獎。但是自從新的總經理上任之後，竟然要求他每個月要與手下的經理直接開會一次，並要求他跟廠商將原先訂好的合約降價兩成。這些都不是大公司該發生的事情，但是這位本身任務應接不暇的處長也不想多問，反正問心無愧、使命必達就是了。

最後這位新處長覺得跟新總經理的價值觀不合，便自動請辭，一直到離開公司兩年之後，才有人告訴他，當年財務長跟新的總經理告密，說他屬下的經理向廠商要兩成回扣，所以才有那些事情發生。這些事情經過他自己向原本的廠商查證後，根本都是子虛烏有的事情，完全都是職場的鬥爭，讓人無法想像的「厚」與「黑」。其實所有的盤算有什麼用？那位財務長沒多久也「自動」退休了，不是只有他，所有的處長都如公司計畫，相繼在三年內離開了。

對權力的渴求與慾望是很可怕的東西，尤其背後還有極大的利益，像是總經理可以每年分股票之類的，每天坐著司機開的數百萬名車也很爽。競爭是理所當然，但是如果公司的文化允許無端的造謠跟中傷，那麼鬥爭也會無所不在，手段是既惡劣又噁心。對職場新鮮人或初階人員來說，很多人都覺得那是高層的事，但是我敢保證，要嘛跟你一起進公司的人有些從一開始就處心積慮、不擇手段要爬得比你快；不然也有主管想壓榨你，想把你當鬥爭的棋子。

本書跟你一般所看到的職場書有一點很大的不同，那就是「講求**眞實**」

作爲一個精神科醫師，我相信要告訴病人或心理治療個案的是——「**眞實**」，就像當年台大醫院率先規定要告知癌症病人檢查的眞相。在三十年前的當時，這招致多少醫師跟病人家屬的反對，認爲太慘忍，病人心理無法承受，越晚告訴他們越好。但事實是，沒人有權力隱瞞病人「**眞實**」，該來的終究會來，只有病人自己可以根據事實決定他們要什麼樣的治療、何時要放棄治療，以及如何安排自己浩劫中的生活，不管剩下多久。

市面上很多暢銷書的書名會像這樣：「吃對了，永遠都健康！」、「無麩質飲食，讓你不生病！」，這都是藉著創造假象在迎合人心——對生命貪婪，不想面對死亡。事實是——人吃得再健康，活得再養生，都會生病、都會死，這就是「**眞實**」。我們可以吃好的東西、不偏頗的飲食、規律的運動跟生活作息，但不能有不切實際的期盼，更不能因爲醫師救不活八十幾歲、心臟糟透了的媽媽，還要告醫師一定有醫療疏失。

職場也有很多書跟文章也是這樣，舉一個例子好了。這是一篇標題爲「**如何不讓團隊加班、做白工？主管最重要的任務，就是管理好你的老闆！**」的文章，但是管理好自己的老闆不僅是一件極度困難的事情，有些時候還會管出問題來。有一家國際藥廠的大陸分公司，他們的大陸區總裁就很會管理總部大老闆，幾乎什麼都要求老闆買單，結果是兩年內公司大惡鬥，黑函滿天飛，還有違背公司內規，被針孔攝影機偷拍的錄影帶外流，裡面是經理在總部上課時直接問新進的業務人員—「給你一萬塊美金，請問你可以用什麼方法收買醫師？！」往往最會管理好老闆的主管，不是霸氣的自戀狂，就是說謊的反社會人格，不管是哪種主管，你都要很小心不出事。

《**不費力的力量：順勢而爲的管理藝術**》這是一本新書的書名，你如果問我書上寫的有沒有道理，我會說有，但是之所以管理可以順勢而爲、不費力，其實要有很多條件的配合，也只適合某些少數行業或組織。就像我會說《**從A到A+**》這本書很棒，但是前提在每個組成單位的能力要很棒、不私心自用、溝通能力跟效率都要極高，這必須經年的打造，要有天縱英才的老闆跟領導團隊。這絕不是一般職場員工該看的書，因爲跟現實世界差距太大，組織裡多的是清不完的官僚、妥協跟鬥爭。相信書不但不如無書，還會害死你，因為當你提到書本內容時，搞不好一腳就踩在你老闆，或別的單位主管的痛點。

像前GE總裁的書《**傑克．威爾許的4E領導學**》，提到領導人要有活力、會激勵下屬、做勇敢的決定，以及很好的執行力，其實就很適合創業的人看，很簡單，也很眞切實用，但台灣竟然絕版買不到。反而像另一本書雄踞職場暢銷書榜首很久，大家可能都聽過的《**被人討厭的勇氣**》，這本書可能可以幫助你修身養性、自我檢討跟學習成長，但是要在職場成功應該不會有什麼幫助。**事實上被人討厭是件很複雜的事，而要能面對眞實，有勇氣持續的面對職場上的霸凌與挑戰更難，光憑勇氣是絕對不夠的，要眞切的瞭解人性**，有智慧「不只不要被討厭，成功更重要」。

企圖心不是壞事，但是私心自用、惡性鬥爭、成黨結派，甚至陷害別人，就是職場的大黑洞了！

這本書不是教你詐、教你做壞事，而是告訴你如何瞭解人性、避開陷阱，最後依然可以在職場上揚眉吐氣，這需要：

1. 勇氣—面對挑戰與變化
2. 堅持—堅強的情緒與毅力
3. 智慧—說對的話、做對的事

在這之前，要先學會人生最重要的兩件事—瞭解人性、瞭解人

這本書不是要讓你對人性失望，而是要告訴你—

1. 長期科學研究的實際發現
2. 無數職場經驗歸納的心得
3. 面對眞相需要的智慧、勇氣
4. **職場與職涯成功的有效技巧**

先跟你說個故事：有隻蚊子寶寶正要展開他生命中第一次的長程飛行，蚊子媽媽很擔心：「寶貝啊！讓我先陪你飛幾次好嗎？」寶寶說：「媽媽呀！您都陪我附近繞好幾次了，沒問題的！」才說著，他一溜煙就飛出去了。

過了半個小時，正當媽媽擔心的快要飛去找小孩的時候，蚊子寶寶回家了。媽媽說：「寶貝啊！今天飛得好嗎？」寶寶說：「應該還不錯喔！我飛過的地方，人們都朝我拍手。」

這個笑話很適合描述職場的新兵，他們往往搞不清楚狀況，你要是拐個彎罵人，搞不好還被當作讚美。在職場待了幾年之後，蚊子寶寶的飛行不再那麼興奮，也知道拍手根本不是讚美。有人一年換了二十四個頭家，老是有志難伸；也有人從一而終，壓根兒沒想到換工作。職場生態百百種，職涯際遇大不同，有時胸懷大志、孜孜營營，卻總是與升遷擦身而過；也有人平實苦幹、不忮不求，但是跟對老闆，坐擁名車豪宅。

北宋文豪**蘇東坡**先生感嘆：「人皆養子望聰明，我被聰明誤一生。惟願孩兒愚且魯，無災無難到公卿。」這搞不好是真的，人要成功，運氣超重要。有些表面看似成功，背後往往也要付出很大的代價，成功並不等於幸福快樂，看看工作狂柯文哲，從被告的台大教授變成一天到晚嗡嗡嗡的台北市長，常常給市議員叮，還要擔心被財團告，人生眞的有比較好嗎？人生禍福其實無從預料。

職場的第一步就是檢視您自己的心，是否有盲點？是否有足夠的堅定與勇敢？再來才能抱著學習的精神，一步一步的改變。有一次上小燕姐的節目，討論到婚姻問題，小燕姊突然回頭問我一句話：「人眞的能夠改變嗎？」我說：「當然可以[1]。」小燕姐一臉的不相信，說：「可能嗎？」

1 不然我做心理治療豈不是在騙人。

「可以的，只要有足夠的動機。」我堅定的回答，相信買這本書的讀者一定有很強的動機，希望職場要順利、生活要更好，但是卻找不到適當的方法。是的，這本書會提供很多眞實的案例、認知行爲的治療原理與實際運用，還有我在職場與診間慢慢累積的人生智慧，希望幫助你有一個成功的人生。

第一章

相信人性本善是痛苦的根源

孟子說：凡人皆有「惻隱之心」、「善惡之心」、「恭敬之心」、「是非之心」。

甘有影？有什麼依據？

以那個栽贓、搞鬥爭的財務長來說，什麼「善惡之心」、「是非之心」，我都不知道在哪裡？良心不需要狗來吃，利益薰一薰就沒了！至於凡人皆有「恭敬之心」嗎？孟子的頭殼大概壞掉，財務長想要當總經理之時，告密、黑函、造謠無所不至，等到新的總經理上任，態度超恭敬的，三更半夜都會把總經理臨時要的報表趕出來，這叫拍馬屁啦！跟恭敬一點關係都沒有。當然我們不能因爲一粒老鼠屎搞壞一鍋粥，說別人的「恭敬之心」都只是拍馬屁而已，但是平常要恭敬誰啊？慣老闆嗎？被老鳥、前輩欺負嗎？歷史上向來有「恭敬之心」者奸逆之輩，如秦檜、司馬懿、和坤；不然往往下場悲慘，如白起、韓信、岳飛。

我們在職場上也會遇到一些人，那「恭敬之心」眞的無人可比。我還記得參加過一場政府舉辦的會議，最後是請一個內政部的「官兒」回答大家的問題。每次一回答完，司儀就請大家給那個「官兒」拍手致謝，回答問題是應該的，拍手幹什麼，大大小小的會議參加了一堆，第一次遇到這種連回答問題都要討拍手的。到了第三次我已經超想站起來罵人，但想想還是算了，那「官兒」看起來還蠻爽的，講出來又有什麼用，自己受不了，走人就是了。

後來那「官兒」做到副市長，現在是ＸＸ委員。我要是遇到像她屬下那種超會拍馬屁，不，要說時時對長官存「恭敬之心」，甚至讓別人也存「恭敬之心」的同事，處在一個不會表現「恭敬之心」就會被打入冷宮的職場，有些人很可能會跟我一樣，完全受不了。我最近老是對晚輩的醫師說：「我眞的看不懂你們言必稱老師說什麼，一副畢恭畢敬的樣子做什麼？尊敬是可以，恭敬就免了。所有醫學的進步不就是常常踩著老師們的頭往前的嗎？」。但「恭敬之心」向來是「慣老闆」的最愛，假如你很會，那就恭喜你了，因爲眞的比較容易成功，只是馬屁也要拍到有點水準就是了。

「惻隱之心」人人皆有嗎？

讓我們看看下則新聞報導：

- 新北市一名「烹貓人魔」，不滿室友飼養的貓咪晚上喵喵叫，竟趁對方外出時破門抓貓塞進微波爐，活體微波烹煮十五分鐘，不顧貓掙扎慘叫聲，冷血地看牠半熟死去，微波爐内沾滿脱落的貓毛。

實際上虐待貓狗的案例層出不窮，殘忍度破表。

- 一條黑狗慘遭活生生剝皮，頸部到尾巴體無完膚，被丟棄路邊，任由慘遭剝皮的狗痛苦哀嚎，最後斷氣。
- 把狗狗放平底鍋，還淋油開火「煎煮」，更大言不慚說「磨煉噗噗」，狗狗因太燙嚇得跳起來，慘忍畫面遭到瘋傳。

再看看慘絕人寰，最近幾乎每個月至少一樁的虐嬰事件。

- 兩歲女嬰疑遭十七歲薛姓生母、生母同居人、生母表姐、表姐夫聯手施暴，在奄奄一息時才被緊急送醫，無奈最後仍回天乏術。
- 滿月男嬰多次因哭鬧遭從事綁鐵工的父親徒手拉扯、扭斷手腳，四個月大時再次受虐血流不止送醫。二十一歲的男嬰母親明知丈夫多次對兒子施虐，竟扯謊誤導檢警辦案。

你以爲歷史上屠殺數以百萬計的猶太人的只有希特勒嗎？據說在二十世紀初，土耳其就殺掉境內約一百萬的基督教徒。宗教相爭的滅族血案依然綿延到二十一世紀，看看ＩＳＩＳ吧！那些被他們斬首的異教徒有多少？連伊斯蘭女性只因爲派別不同，被他們強暴的有多少？你要不要試著去跟他們講「惻隱之心」？

職場呢？「「惻隱之心」？看看美國總統川普爲了蓋美墨邊境的牆，硬是關閉政府超過一個月，那些沒薪水的聯邦員工怎麼辦？房貸、車貸付不出來，也敵不過老闆的自戀跟任性啊！

讓我們回頭去看看大陸的情形，不要說餿水油了，連給小寶寶吃的都是毒奶粉，這個你還可以說是無知，不知道添加物有毒。但是施打的疫苗呢？應該嚴格管控的疫苗，其都可以在文件上造假，還盡是些博士之流的高階知識分子，他們不知道出問題的嚴重性嗎？多少人在這個過程中背著良知，假如他們有的話。這當中有多少人會因爲知道事實的眞相而不安、憂鬱，甚至因爲無法接受公司的作法而離職呢？

就像之前提到那個被誣賴收回扣的經理，不要說在公司從此升遷無望，搞不好還因此被司法調查。即使事後證明無罪，也是身心無比煎熬、名譽嚴重受損。他做錯了什麼嗎？沒有，只是有人要鬥爭他的老闆，拖他當替死鬼而已。

創新工場董事長兼首席執行官李開復提到，他在微軟時做過最痛苦的一件事情，是左手在舊部門解雇了七十人，右手又在新部門重新雇了七十人，而且，這還是在沒有上級要求下，自己所做的抉擇。他還算有良心的，我曾經看到一家公司的業務，因爲業績訂太高，根本領不到獎金，收入少了一半，養家都有問題。但是老闆的超跑卻一部一部的換，身上的名牌越換越高檔，動輒幾十萬。員工不能養家，只好離職，那再換一批就好了。至於老闆捲款潛逃，留下被積欠好幾個月薪水的員工的例子比比皆是，什麼是「惻隱之心」？什麼是「人性本善」？

實際上我們都過度高估了人性，過度相信人性本善

多年的臨床經驗告訴我，**對於人性的錯誤假設**，尤其是相信所有的人**基本上都很善良，其實背離了事實。不管是職場或生活，對於人性的誤判往往是錯誤、憤怒、悔恨或憂鬱最大的來源。**

反廢死是台灣主流，對人性的惡劣更已經是「人神共憤」，你贊成死刑嗎？你會覺得有些人眞的不只是罪無可赦而已，他們根本就是殺人魔，邪惡的化身。他們不是人？不！他們跟我們一樣有手有腳，有鼻子有眼睛，他們還是人。像近期北捷隨機殺人的兇嫌，要不要處死是一回事，你上網查查，眞的覺得是環境使然嗎？是爸媽從小虐待他嗎？是從小被霸凌嗎？請捫心自問，還是覺得人性都本善嗎？都是其情可憫，有教化之可能嗎？

絕大多數的人都相信人性本善，尤其越是善良的人越相信，卻因爲這樣他們被身邊的人害慘了。有人爲自己的姊姊作保幾千萬，結果姐姐卻捲款潛逃國外，過著優渥的生活，留下他揹債，薪水每個月被扣三分之一，一輩子都還不完，太太爲此經常跟他吵架，幾無寧日，既痛苦又憂鬱。有多少人因爲相信多年的朋友，幾千萬投資轉眼間灰飛煙滅，整天痛心疾首，甚至臥床不起。而這些所謂的「至親好友」到最後卻避不見面，留下你活在憎恨、生氣裡，不知道要懷疑人性，還是責怪自己的智商有問題。

曾經有一個剛剛二十出頭的小夥子來看睡眠障礙，長得斯斯文文的，我問他：「你覺得造成失眠最大的原因是什麼？感情因素？工作壓力？」

「醫生，我跟你說應該沒關係吧？我是一個詐騙集團的頭頭，很擔心被抓，所以晚上很難入睡。」他應該是最直言不諱的病人了！

「不會吧？你才二十二歲，怎麼會是詐騙集團的頭頭？也未免太年輕了吧？」

「是這樣的，我跟你說，前面三個當頭頭的都被警察抓了，所以才輪到我。我每天都害怕會被抓，擔心到睡不著，就算好不容易睡著了，也很容易驚醒。」

好吧！言之成理，來者是客，更何況是病人。交代了一下安眠藥相關的注意事項，表達了一下關心，藥開一開就直接送客，不想多說什麼。兩個禮拜後他又來了，一坐下來就開始訴說他最近的壓力有多大，一副想多聊一聊，尋求心理安慰的樣子。換成你是我，你會怎麼做？

我很少拒絕病人，即使是很不講道理、沒禮貌的病人，但是這個病人徹底碰觸到我的道德底線。是喔！難不成要我安慰你，讓你好吃好睡，繼續去詐騙別人嗎？

「對不起，我沒辦法給你任何支持或心理諮商，假如你要我開藥給你，我不會拒絕。」

當場二話不說，開藥叫他走人，他從此沒有再回來，我也覺得蠻好的。

台灣的詐騙事件超多，甚至還詐騙到對岸去。我常說詐騙應該是最賺錢的一門行業，我知道相信人性本善的人會這麼說：「這些人一定是小時候遭受什麼創傷，父母對他很差，或者交到壞朋友才會變成這樣，你應該好好幫助他。」至於少數相信人性本惡的人，一定覺得人就是這麼壞，沒什麼好奇怪的。

事實上，這些詐騙集團的人不乏家境富裕，父母從小寵愛的，環境跟成長過程根本不是他們變壞的理由。絕大多數小時候被霸凌的人，長大之後會自卑、畏懼社交，但不會去傷害人。即使事實擺在眼前，**那些相信「人性本善」的人還是持續爲自己的信仰找支持，爲天生的惡人們開脫。**

一個人之所以有特定行爲，背後的原因可能不只一個。欺騙可以是善意的，但也會是有計畫而毫無憐憫的。行爲背後的動機可以被美化，但美化的意義在哪裡呢？我們會不會無意間輕忽了某些人可能天生本質爲惡的事實？

作爲精神科醫師，除了有成千上萬病人故事所累積的經驗告訴我：「這世界上確實有人打娘胎裡就是壞胚子」，我也尋求實證。有關人性，讓我們來看看歷史跟心理學實驗可以告訴我們些什麼？看看科學辯證如何看待這個爭辯了至少千年的大議題。

瞭解人性眞相很難嗎？客觀的研究顯示我們對人性的惡劣很瞎？

大家應該都知道在二次大戰時，德國納粹屠殺了六百萬猶太人的故事。每次提到這件事情，即使事隔多年，仍然會引起一片的撻伐與指責。有學者在二次大戰後訪問當時的德國人，發現

①只有二〇％左右的人拒絕出賣自己身邊的猶太人，不管是親友還是鄰居。
②約六〇％的人雖然會告密，但是良心會不安，覺得自己很殘忍。
③而二〇％左右的人是沒有任何猶豫，既沒同理心，也沒同情心。

爲了解釋人類爲何會在戰時服從如此殘酷的命令，耶魯大學心理學家**斯坦利・米爾格倫**（Stanley Milgram）在《變態心理學雜誌》裡發表了服從性的行爲研究（Behavioral Study of Obedience）。

米爾格倫實驗（Milgram experiment），又稱**權力服從研究**，這研究是這樣做的，他們找了一個演員，把他關在一個聲音可以被播放的房間裡，房間外面有一個指導者及一個受測者，指導者告訴受測者，只要房間裡的學生答錯問題，他們就要按下前面的按鈕，這時裡面的人就會受到電擊，答錯的題目越多，電擊的程度就越強。

演員的標準反應如下：

表 1：米爾格倫實驗之學生的反應

電壓	「學生」的反應
75V	嘟囔
120V	痛叫
150V	說他想 退出試驗
200V	大叫：「血管裡的 血都凍住了。」
300V	拒絕回答問題
超過 300V	靜默

資料來源：作者提供

許多參與者在到達一百二十伏特以上時暫停，並質疑這次實驗的目的，一些人在獲得他們無需承擔任何責任的保證後繼續測驗，一些人則在聽到學生尖叫聲時有點緊張地笑了出來。若是參與者表示想要停止實驗時，實驗人員會依以下順序這樣子回覆他：

①請繼續。

②這個實驗需要你繼續進行，請繼續。

③你繼續進行是必要的。

④你沒有選擇，你必須繼續。

如果經過四次回覆的慫恿後，參與者仍然希望停止，那實驗便會停止。否則，實驗將繼續進行，直到參與者施加的懲罰電壓提升至最大的四百五十伏特，並持續三次後，實驗才會停止。

在進行實驗之前，米爾格倫曾對他的心理學家同事們做了預測實驗結果的測驗。大家都認爲**只有少數幾個人——十分之一，甚至是只有一%，會狠下心來繼續懲罰直到最大伏特數。結果在米爾格倫的第一次實驗中，**

六十五％（四十人中超過二十七人）的參與者都達到了最大的四百五十伏特懲罰。

類似的研究後來又做了幾個，直到最後發現有不少受測者跟二次大戰的研究類似，約六〇％在研究後出現了自責、罪惡感，有人甚至出現了嚴重的創傷後壓力症候群，才因爲有違倫理被禁止再進行類似的實驗。

你可以想像這是多恐怖的研究結果嗎？人類即使親耳聽到從慘叫到寂然，看到從掙扎到倒地，只要給予命令，幾乎有八〇％的人會盲從，不顧另一個人的死活，其中二〇％事後甚至不會良心不安。這樣子再說是「人性本善」，也未免善得太慘忍，善得太冷血。

奇怪的是，二〇一〇年法國電視節目「死亡遊戲」，竟然罔顧之前爲了防止受測者心靈受傷而設下的禁令，重新做了這個實驗，把人性的弱點跟殘酷直接暴露在觀衆面前。他們召募了八十名自願者，其中只有十六人在遊戲中途退出，一樣有八成的人罔顧他們對他人身體造成的痛苦。ＢＢＣ，英國著名的電視台，不久前又模仿這個實驗做了一個類似的實境秀，這讓人不禁質疑：人性眞的如此殘酷跟惡劣嗎？

這樣的測試明顯不符合倫理，可能會對受測者造成長久的心理傷害，這早已清清楚楚的討論過，整個ＢＢＣ製作團隊跟電視台高層會無人知悉嗎？還是整個實境秀在做假，把觀衆當傻子。我的唯一解釋是：即使如此知名的公共電視台，其團隊裡面一定有不少人的良心被收視率吃了，他們的人性眞的既殘酷又惡劣。

這一個時代早就不是孔子、孟子說什麼就對的時代，甚至你把年輕人抓來問，搞不好他們想不起來孔子曾經說過什麼，孟子又是誰呀？所以一定有什麼因素讓「人性本善」這個概念深植人心，相信「人性本惡」的依然是極少數。

最重要的關鍵——相信「人性本善」讓世界看起來安全、美好，我們在自我催眠、裝睡

不管是任何國家或社會，幾乎都有一個相同的傾向，那就是覺得人性「至少」、「本來」是善良的。都是因爲成長過程中，被惡意的對待、心靈受創，人類因而才會做壞事，變得殘忍跟邪惡。這有點像我們遇到**思覺失調症**的家屬，他們都會說家人是因爲失戀、考試失敗、工作壓力太大才會生病一樣。問題是從流行病學、機率的角度，有多少人會因爲失戀、考試失敗、工作壓力大而變成思覺失調症呢？

我可以告訴你，研究的結果幾乎都認爲主因不是生活事件，最重要的因素還是遺傳體質跟基因突變，事件只是剛好扮演一個誘發的角色，而很多病人其實在事情發生之前就已生病了，是蛋生雞（生病造成考不好，感情出問題），不是雞生蛋（考不好造成生病）。相同的邏輯，往往是人性的惡造成做壞事，因爲做壞事被懲罰，不是因爲被懲罰，所以長大後做壞事。

而那些殘忍邪惡的人，爲什麼我們一定要認定他們「也」是環境因素，而不是打從基因裡來的「惡」呢？

你以爲歷史上只有一個希特勒嗎？他在二次大戰屠殺了數以百萬計的猶

太人，但是我可以告訴你，他不是歷史中第一個殺人如麻的人類，也不會是最後一個。維基百科特別作了一個大屠殺列表，請參見 https://zh.wikipedia.org/wiki/%E5%A4%A7%E5%B1%A0%E6%9D%80%E5%88%97%E8%A1%A8。

下面是幾個例子：

- 十三世紀的宋元戰爭中，估計在四川地區有一千萬人被大屠殺。
- 法國自一八三〇年以來，在阿爾及利亞的戰爭使八十二點五萬原住民喪命，法國作家在一八八二年抗議道「我們每日都聽到諸如『我們必須驅逐這裡的土著，如有必要就殺掉他們』」的言論。
- 鄂圖曼土耳其政府於一九一五至一九一七年間，對其轄境內亞美尼亞人進行的種族屠殺，其受害者數量達到一百五十萬之眾。
- 一九九四年，中非國家盧安達爆發了近代人類史上最瘋狂、最殘酷的災難。胡圖族（Hutu）對圖西族（Tutsis）發動種族大屠殺，殺鄰、殺友、殺妻，一百個晝夜，約有八十萬人命喪黃泉。

問題是，歷史上參與這些大屠殺者數以百萬、千萬，甚至以億計，假如依照研究的結果，其中會有二〇％的人是樂在其中的，這對我們的想法是多大的衝擊啊？這世界有多可怕呢？就像電影《盧安達飯店》的海報上寫道：

「當一個國家陷入瘋狂，整個世界閉上眼。」

那爲什麼當歷史上血跡斑斑，研究結果始終如一的時候，依然絕大多數人「選擇閉上眼」相信「人性本善」呢？

我相信最主要的原因是：相信「人性本惡」會讓大家活在不安全感裡，必須對旁邊的人嚴加提防，要在戰戰兢兢中過日子。不像你只要相信大家都是善良的，你可以放心跟別人在一起生活，腦子少根筋也沒關係，這樣的世界感覺比較美好。

就像你在職場中，要是你沒辦法信任你的同事，覺得「人性本惡」，那你要擔心的事可多了，單單開個會，可能都要花很多時間相互質疑。口頭講的不算，一定要書面完整記錄，要求再三確認。什麼團隊運作、公司文化、核心價值都會是狗屁，我們只能像活在原始的部落社會裡，甚至更慘，就像中國的文化大革命，每天怕被抓去批算鬥爭。

人性的二六二原則，二〇%善、二〇%惡，六〇%雖有惻隱之心，卻是中間騎牆派

這不是我發明的，也不是臨床的經驗，而是根據很多研究所得到的一致結果。人性本來就不是二分的，有佛心，有魔性，也有人既善又惡，其行爲端視利益跟壓力，而不是根據是非善惡來做事。

就像「當一個國家陷入瘋狂，整個世界閉上眼。」當人類偷懶，就喜歡閉上眼睛，喜歡用二分法來看待這個世界，來看待周圍的同事跟老闆。寧可相信**「人是懂得道理，講是非的；人生而平等，好壞善惡是環境造就；只要給予機會、給予愛，人會改變。」**

問題就在這世界並不如此單純，否則歷史上就沒這麼多大屠殺，這麼多人在職場中受苦，在商場中受害，在家庭裡被情緒勒索。您大可安居樂業，

每天高高興興去上班，相信老闆會照顧你一輩子，我也不用下很多功夫來寫這本書了。

所以請記得「**人性的二六二原則**」，相信它，你一輩子都會受益。就像我的父親在我成年後傳給我的黃氏家訓——「千萬不可以幫人作保」，「人」「呆」就是「保」，遇到有人要我做保，就說家訓有規定——「不可以」。

第二章

及早發現恐怖的「反社會人格」

這世界真的都是因爲家庭環境的暴力、成長過程中的虐待與霸凌，才讓人的良心不見了嗎？用憐憫、耐心就能「教化」、「打動」他們嗎？我的答案是「不」。

確實有不愼犯錯的人是因爲環境因素造就的犯錯，而眞正生而爲惡的，根據哈佛大學的教授、心理學博士**瑪莎．史圖特女士**（Martha stout）所寫的一本書，**書名爲《這個世界上有四%的人是沒有良知的》**，就是在探討很多人深受其害的人性邪惡面。

你是反社會人格者嗎？

她根據流行病學的調查研究結果，認爲這個世界上有四%的人是沒有良知的，這四%講的是精神醫學診斷中所謂的反社會人格。醫學上所謂的**反社會人格是指對他人權益侵犯及不尊重的廣泛行爲模式**，包括以下特質，至少符合下列條件中的三項：

1. 無法遵從社會規範，經常遊走於法律邊緣。
2. 經常說謊、欺騙。
3. 個性衝動，無法做長遠的規劃。
4. 情緒不穩，有攻擊性，不時與人鬥毆。
5. 不在意自己及他人安危，像超速駕車。
6. 在工作上不敬業且不負責任，像亂開空頭支票及借錢不還。
7. 缺乏道德、良知、冷漠無情，即使目睹他人受害也無動於衷。
8. 多數不會孝順父母，多與父母吵鬧。

前一章已經提過幾個無惻隱之心的例子，這裡再舉幾個反社會人格的特徵：

1. 他們往往喜歡飼養小動物，但卻以虐待動物爲樂

二〇〇六年，暱稱爲「catkiller（飛天貓）」的網路使用者，在「我養貓的日記」網路文字中，以照片配合說明凌虐一隻兩個月大小貓的經過，包括以「吊掛、剪鬍鬚、強灌胡椒粉與洗髮精、瓶蓋嗚口鼻、夾子夾耳朵、橡皮筋綁四肢」。

2. 他們會以殘酷的手段毆打人、殺人而不手軟

二〇一四年兩名少年在中和區二度持甩棍、安全帽毆打七十三歲遊民，還將影片貼上網路，無視遊民求饒，甚至打到遊民的血噴到他們身上，還嘻笑「我手上還有他的血欸」。同年稍早，十名少年凌晨因喝醉酒將一名街友當成出氣包，不顧對方求饒，對其拳打腳踢，還持棍棒虐打，最後街友慘遭打死。

3. 欺騙、操控別人，故意違反規定及法律

像老鼠會、詐騙集團都是類似的情況，最有名的是九七金融風暴時所爆發的馬多夫事件。馬多夫是美國前那斯達克主席、股市傳奇人物，他詐騙了超過五百億美元。手法主要以短期暴利做誘餌，拿後來投資者的錢支付先前的投資者，不斷誘騙更多人投入。這場騙局祕密進行長達二十年，上當的人遍布全世界，包括政商名流及大銀行集團匯豐銀行，更有許多慘賠資本的基金經理人陸續自殺。

台灣二〇一五年也爆發一個集團涉及兩年吸金四十億元，其中一人還曾以「超級講師」爲名，數次登上媒體，開心地在臉書PO出四千萬豪宅即將交屋的訊息。最近一個更好笑，名叫大目的集團，是什麼樣的公司會取名叫大目啊？甘脆叫白目就好了，其中甚至有警察大學的副教授，被騙超過了1億元。

反社會人格可以分兩大類，一種是冷血無情的殺手，一種是精於說謊和操弄別人的騙子。

冷血無情的殺手，最典型的就是美國經常出現所謂的**連續殺人犯**（serial killers）。他們會隨機尋找目標，虐殺幾十名陌生人，尤其是女性。像台灣也有一個已經被槍決的罪犯，從一九八五年到二〇〇三年爲保險金連害二妻三子、爲劫財姦殺女友，連害六命。幫派中負責行兇殺人的無情殺手、魚肉鄉民打人爲樂的打手，往往也是反社會人格者喜歡從事的工作。騙子則不走殘酷路線，卻以欺騙跟操弄別人爲樂，從股市作手坑殺散戶、電話詐騙，到現在所說的網路男蟲、酒店剝皮妹都是。

這兩類人有多少呢？調查訪談研究出來的是四％，但這一個數字是基本的，可能是被嚴重低估的數字。因爲很多反社會人格都會帶著僞善的面具，還以虔誠信徒、甚至宗教大師自居，在訪談中說謊的可能性很高，我會說眞正數字可能高達八至一〇％[1]。**什麼？怎麼可能？你們會說我太誇張了，幾乎每十個人裡面就有一個是壞人、騙子，或隱藏性的惡人？**

是的，你沒聽錯，而且受害者不只是陌生人，他們連親人都騙、都殺。這兩年台灣社會要不要廢除死刑吵得很兇，而這些爭論的主題其實不只是被害人有多可憐，還包括這些反社會人格者有多殘忍跟多可惡。像是當年白曉燕命案最著名的陳進興，逃亡過程中還不斷地強暴與殺人；「媽媽嘴咖啡館殺人案件」的女兇手也是，策畫周密而且冷血無情。我想問大家，包括贊成廢除死刑的人士，不願判處死刑的法官：**假如這些人從出生就已經註定了他們殘忍的本質，而你繼續選擇相信人性本善，那麼遇到這些殺手或騙子的時候，會不會有人因爲你的仁慈、你的假設錯誤，變成待宰的羔羊？就像有一個恐怖情人，她殺死第一個女生，服刑出獄之後，才一兩年，又殺了另一個交往的女友。**

職場上最怕犯的錯誤叫「假設錯誤」

人生也是一樣，尤其是假設人性本善，因爲當你失去了防備之心，接下來一連串的判斷及決定都會跟著出錯，而且是出大錯，被暗算、被出賣。以

[1] 要是你，你會不會對上門採訪的陌生研究人員承認自己是反社會人格呢？假如機會是一半一半，那四％就要變成八％。

詐欺集團來說好了，他們才不在乎騙走的是你一千萬中的一百萬，還是你最後剩下的一百萬；而且他們超享受你被騙的霎那，甚至是跟騙來的幾百萬合照，放上臉書炫耀。至於那種被最親密的家人、愛人、好友騙走畢生積蓄的，也周遭到處都有。騙人的厚顏無恥，要賴否認，甚至遠走高飛，生活豪奢，你還要假設人性都是善良的嗎？

在職場上這種例子也很多，像是被同事說謊陷害、挪用公款等，台灣最經典的應該是**國票案**。一名只有二十九歲，金融公司的基層員工，冒取超過一百億元的新台幣現金炒股票，爆發後由於金額過大，不但國票一度岌岌可危，台灣金融貨幣市場也隨之動盪。這名員工的主管因壓力太大跳樓自殺，當時任央行副總裁的彭淮南等多名官員也都遭到懲處。他入獄之後下跪痛哭，說要贖罪，還清虧空的一切款項，結果是在獄中繼續做壞事，買通獄卒幫他買賣股票。出獄後開記者會跟社會道歉，接著坐上安排好的接應車隊，瞬間秒消失，再出現又是涉及另一個股市的大醜聞「樂陞案」。長官的那一條命對他來說根本沒什麼吧？假如你聽到他聲淚俱下的懺悔，相信他跪著說他要贖罪，因此相信「人性本善」、「浪子回頭金不換」，那麼請覺悟，你的假設完全錯誤。

最近新聞揭露有很多國際知名大車廠的柴油車數據做假，最特別的案例是**德國福斯**，這個案子很早就已經被一個離職員工告發，福斯的柴油車在公路上正常行駛時所排放的廢氣遠高於環保標準。問題還不只於此，這家公司對達成銷售目標的經銷商，還會提供性招待作爲獎勵。這樣造假的文化、低劣的道德行爲，對於有價值信仰跟道德標準的員工其實是一種折磨，有異議者更容易被上位者霸凌，以換取緘默跟服從，乃至被迫害、被迫離職。

同樣的例子也發生在日本，那個以榮譽、誠信自豪的民族，它們的**證券交易監視委員會**發現著名的電器大公司**東芝**（**TOSHIBA**），從金融海嘯後的七年之間，營運決算總計灌水二千二百四十八億日圓（約新台幣五百八十二億元）的利益。這在日本是何等的醜聞，簡直就是電視劇**半澤直樹**的翻版。這中間牽涉到很多會計人員、層層主管、往來銀行相關人員的責任，以上壓下的職場霸凌絕對存在，但是所有人到最後都只會是受害者，沒什麼加倍奉還的快意恩仇可言。

在這些常人無法想像的弊案背後，我們都必須懷疑背後是否有一個或多個反社會人格的影武者，因爲大公司的層層管制絕不會因一個人的突發奇想而毀壞，**總是要有一些人契而不捨的把規矩、價値、防火牆慢慢的一道道突破、解開**。這個過程中不願意配合的、良心不安的，就會一個個被收買、被霸凌，甚至被逼走。

所以我們要是假設「人性本善」，假設大家都不會說謊造假，假設這個世界沒有殘酷邪惡、罔顧倫理道德的**反社會人格者**，那你恐怕會付出無比慘痛的代價，看看近期最轟動的**「女版賈伯斯」—伊莉莎白・荷姆斯**（Elizabeth Holmes）。

二〇〇四年，二十歲的伊莉莎白從美國史丹福大學輟學創業，標榜只需手指扎一下滴幾滴血，即可做上百種檢驗。她僞造數據、虛報營收，即使自家儀器錯誤百出，卻能把一些老江湖的超級富豪騙得團團轉。

像是：

- 華頓家族（沃爾瑪創辦人）：一點五億美元
- 梅鐸（媒體大亨）：一點二五億美元
- 史林姆（世界前首富）：三千萬美元
- 考克斯家族（美國媒體集團）：一億美元
- 戴佛斯（美國教育部長）：一億美元
- 德拉柯普洛斯（希臘船王繼承人）：二千五百萬美元
- 奧本海默家族（鑽石集團戴比爾斯前老闆）：二千萬美元

有一位科學家伊恩在伊莉莎白公司工作近十年，不只一次聽到她臉不紅、氣不喘的對投資者說謊，後來伊恩因壓力過大自殺。東窗事發後，估值曾逾新台幣二千七百億元的公司於二〇一八年九月初宣布解散。看到數十位見多識廣的名人，只因假設錯誤、看走了眼而大栽跟斗，賠錢又賠了聲譽，你做何感想？

提早發現職場的反社會人格者

在職場上冷血無情的殺手很少見，除非你身在江湖，比較多的是上述那些精於說謊和操弄別人的騙子。有一次在藥廠開會，我剛好坐在亞洲區總裁的旁邊，休息時我就跟他聊起《這個世界上有四％的人是沒有良知的》這本書，他很有同感的跟我說，事實上他們最近發現雇用的安全室主任就用造假的學歷來應徵。相同的事發生在中國也就算了，那已經算不上是什麼新鮮事，連美國名校的主管也是假造學歷被發現。這些人其實要安安分分找個工作並不難，但是靠著說謊來得到不該屬於他們的東西似乎是他們的天性，然後當他們得逞時，他們也不會安分守己，會繼續說謊，開始操弄身邊的人。

比如用說謊製造同事間的不合，還趁機讓你覺得他跟你是一國的，爭取你公開或私下的支持，用來壯大聲勢或獲取更大的權力。像我曾遇到一個主管，她在徵人時會公開放話，與應徵者說不要覺得來上班會有好日子過，暗示她是老大，需要絕對的服從。她會讓手下的人跟大老闆開會少發言，私下也盡量不要跟大老闆有接觸。她也不斷地營造大家對公司與大老闆的壞印象，即使很多都不是事實。這樣的結果是可以一手遮天，老闆所有的事情只能靠她、聽她的，沒事就好，一旦出事，往往一發不可收拾。

另外一個操控的方式是讓你跟他一起做壞事，舉例來說，像有些公司非常嚴格規定個人的電腦是不能借同事使用的。但是反社會人格者就會製造某些特殊的緊急處境，讓你很難拒絕他「暫時」借用一下，之後有一就有二、有三，變成你們是經常違反公司規定的共犯，不知不覺中你的信任「被製造」、「被利用」，這種情形尤其在金融、國防、高科技產業最常發生。這時萬一你的電腦被利用做假交易、洩漏機密，你根本就百口莫辯。

最大的傷害是當他成爲你商場上的夥伴時，他一開始會極力爭取你的信任，有些人還擅長利用媒體、名人來營造聲勢。「女版賈伯斯」的手法就是這樣，一旦掉入陷阱，動輒幾千萬、幾億的損失都可能發生在商場的老手身上。所謂**「防人之心不可無」，正因爲有接近一〇%的人心術不正，總有害人之心，當你想努力上進求升職時，往往旁邊「很要好」的同事最可能害死你，所以「小心駛得萬年船」**。

在職場上太晚才發現到這些反社會人格者，往往傷害已經造成，所以更重要的是要如何及早發現他們。

1. 對謊言的敏感度很重要

就像大多數的人「信奉人性本善」一樣，我們基本上也相信人不會「隨意撒謊」，不會「陷害同事」，但這些原則對**反社會人格者**並不適用。說謊對他們是家常便飯，陷害你也是他們突出自己的工具，所以當你遇到那種習慣於說說小謊的人，你就要存戒心、勤求證，尤其在重大事件時跟主管做最後確認很重要。

2. 是否有人常想挑戰規矩

對於反社會人格者，很有趣的是，他們除了喜歡說謊以外，他們對於規矩特別有意見，尤其當新規矩被頒布的時候，他們最喜歡找其中的小漏洞，藉以反對任何新的管制。不喜歡規章、去除管制，因爲這樣讓反社會人格者才有上下其手的空間。他們也喜歡破壞規矩，小從亂丟垃圾、破壞權限，大到假冒簽名，甚至挪用公款。

3. 是否有人覺得殘忍很好玩

像是虐貓事件，一般人的反應是很殘忍、憎惡、譴責，但是反社會人格者會覺得好玩，甚至臉上會露出好奇、想試試的神情。有點像小孩子中要是有人提議虐待動物時，那些覺得有興趣的人很可能也是反社會人格者。到了職場上，反社會人格者往往是提議霸凌新來者的人，聰明一點的反社會人格者會搶先機、玩攏絡、玩操控，先做上老大，再用不正當的方法，搞錢謀私害人。

4. 當你堅持價值時，被威脅、被霸凌

反社會人格者覺得耍弄聰明比正直做人重要，所以當你聽到某個經濟罪犯被逮、詐騙集團被破獲的時候，一般人在意的是這些人有多壞，但反社會人格者卻是會誇讚這些人有多聰明，收穫有多好，甚至說要是怎樣就不會被抓了！假如你堅持守公司的紀律，認爲好的價值很重要，不肯順應他們

不好的要求，像一起霸凌同事，他們會威脅不跟你好，找你麻煩，甚至霸凌你。

如何防範職場的反社會人格者

在職場上對人的「冷眼旁觀」很重要，反社會人格者其實很容易漏餡，只要你**不執迷於「人性本善」，幫人找藉口，拉開距離，理性觀察一個人持續的行爲**。

要對付這些反社會人格者，公司對**「誠信」**（Integrity）的要求就很重要，不能單看業績或表現。**誠信是人的核心價值，「誠」是誠實，「信」是有責任心、信用。誠信之中還有正向與善意，思想、行動跟責任都要正直而一致。沒有誠信的公司就會製造一些像食安風暴、疫苗危機，連賣個高血壓藥都可以內含致癌物**。

下面的幾個建議，或許可以幫你逃開陷阱。

1. 善用邏輯分析，不人云亦云

就像「女版賈伯斯」的例子，從科學上的判斷，那些說法好到不太真實，一個測試總要個一至二西西的血，怎可能檢驗如此的容易，英文講"too good to be true"，這就是典型的例子。當違反常識時，不一定代表是騙人的，請啓動查證程序，不要說某某名人都加入了，就信以爲眞。

2. 不要違反重大的標準程序SOP

一個公司的好員工，基本上都會盡量遵循公司制定的SOP，也就是標準作業程序，除非萬不得已。像是假疫苗，或壞疫苗事件，那絕對是一連串的違反SOP，加上文書作假、測試放水。單一事件或許不足以說那個人反社會，但是一系列狀況的發生幾乎背後都可以揪出反社會人格者。要踩穩腳跟，對於要求你破壞SOP的人要有極高的警戒心，不要說事不過三，當第二次發生時，你就要跟對方說清楚，講明白不可以；當第三次還是發生時，建議你就要跟上級報告。

3. 對於違反規定的引誘或建議要高度警覺

一個在職場上經常會發生的事叫竄改資料，或虛報帳目。當然有些像日期上的小誤差，大家知道做些修改在本質上無傷大雅，請不要不盡人情，弄到自己被人討厭，老是這樣，擇善固執的勇氣也救不了你。但是一些檢驗數據、安全通報、銷售數字，甚至財務報表上的變更都是大事，沒有什麼「事不過三」，一定要跟當事人書面確認，並跟主管當面確認，充分註明事由跟意見。

4. 職場中沒有所謂「善意的謊言」，更不能「知情不報」

生活中很多時候我們絕對需要「善意的謊言」，像是老婆問你婚前交過幾個女朋友、有沒有在外搞一夜情之類的。但是在職場上有關工作，不要說什麼「善意的謊言」，即使是「知情不報」都會造成錯誤的訊息跟決策。反社會人格者很喜歡弄這兩樣東西來搞鬼害人，當你發現到類似這樣的情形時，要非常警覺這些害群之馬可能是反社會人格者。

5. 對於反社會人格者，沒有太多妥協的餘地，最好就是讓他們盡快離開公司，或者是你該離開了

基本上這種先天的惡是無法改變的，有時請他們離職還會遇到很大的麻煩，我還遇過那種反過來告公司的。因爲根據勞基法，除非員工對公司造成重大損失、無故曠職三天之類的才能資遣。遇到那種跟你鬥智的反社會人格者，那會是一個超級痛苦的過程。要是你的老闆是反社會人格者，**往往離職是唯一的選擇**。**選一個適當的時機，找個好工作，不要聽信反社會人格者的花言巧語，那種人性是不用抱指望的，你很容易變成最後的犧牲品。**

第三章

自戀型人格的職場霸凌

自戀人格和後天生長環境有關，但也不排除有人天生自戀，改不了的。

我想幾乎每個人都有經驗，遇到那種——

「對別人不尊重、沒耐心，喜歡插嘴，說別人笨，很粗魯的嘲笑別人。」

「自我感覺超良好，只有他們批評別人，但不喜歡、甚至不允許被批評。」

「以自我為中心，別人都得聽他話，最好所有的注意力都聚焦在他們身上。」

「缺乏團隊精神，覺得自己是天生的領導者，喜歡爭出頭，當團隊的領導者。」

「爭功諉過，一旦出問題，要嘛就找代罪羔羊，不然乾脆躲起來，讓你找不到人。」

這些「自戀型人格」，往往就是最典型的豬隊友

印象中很深刻的一次是到新加坡去開亞洲區會議，其中有一場是由一位台灣的產品經理介紹下個年度的行銷計畫。那天他帶了一個小橡皮球在手上丟來丟去，大家還以爲他要變個魔術什麼的，滿心期待今天開會中來些娛樂。結果，他竟然說：**「今天誰要是敢批評這個計畫不好，我就把這顆球丟過去。」**

大家當場都傻眼，外國同事一副不可置信的表情，尤其是主持會議的亞洲區總監。而在場的台灣同事，像我，都覺得超丟臉，當下只想找一個地洞鑽進去。雖然他立刻聲明剛剛是開玩笑的，但是整場下來，他的手上依然握著那顆球，每一個人應該都只希望他的報告趕快完畢。最後，一反往常的沒有任何熱切討論、建議，連問題都沒人要問，會議「很有效率」的結束，超冷、超尷尬。

他的行事風格是「只想說自己的」，「不想聽人家的意見」，有也只是

敷衍。名校畢業的碩士，說聰明嘛好像也不怎樣，做事卻很自信、很敢衝。是不是覺得這種人幾乎到處都碰得到？不只是「豬」，簡直是打不死的小強。在職場，豬隊友主管令你沮喪，豬隊友同事令你生氣，而豬屬下則是讓你恨得牙癢癢，尤其要是不能開除他。

認識職場的炸彈——「自戀型人格」

根據精神醫學的診斷標準，「自戀型人格」是種廣泛的模式，誇大、需要稱讚、缺乏同理心。表現須符合以下五項特點（或更多）：

1. 對自我重要性的自大感，例如誇大成就與才能，即使條件不符，依然自認爲優越。
2. 專注於無止境的成功、權力、顯赫、美貌，或是理想愛情等幻想中。
3. 相信他或她的「特殊」及獨特，僅能被其他特殊或居高位者所瞭解。
4. 需要過度的讚美。

5. 認爲自己理該有特權，或別人會自動地順從他的期待。
6. 人際上的剝削，占別人便宜，或覺得本來就可以「爲所欲爲」。
7. 缺乏同理心，不願意辨識或認同別人的情感需求。
8. 時常妒忌別人，或者認爲別人妒忌他或她。
9. 顯現自大、傲慢的行爲或態度。

老實說，這幾個項目一路看下來，我覺得這樣的人應該眞的不少。以前在職場上不愉快的經驗、被霸凌，好像絕大多數都跟這樣的人脫離不了關係，像日本跟韓國就有好幾個典型的例子：

大韓航空（Korean Air）家族暴力事件頻傳，惡劣行徑一一被揭發後，一家人被封爲「怪獸家族」。

長女趙顯娥：二〇一四年堅果門事件

因不滿空姐給的堅果點心沒有裝在盤子裡，不符合SOP標準作業流程，氣得飆罵空姐，還把座艙長叫來，要他背出「服務守則」。見座艙長一時無法回答，竟氣得命令機長將飛機掉頭，還把座艙長趕下機。

長子趙源泰：二〇〇五年行車糾紛爆打老婦人

現任大韓航空副社長的趙源泰，二〇〇五年時曾因道路糾紛，朝一名抱著嬰兒的七十七歲老婦人動粗，還對圍觀抗議民眾大爆粗口。

次女趙顯玟：二〇一八年水瓶砸員工事件

在首爾一家廣告公司會議中，因不滿員工的回答而大發雷霆，將一裝水的水瓶朝對方臉上砸去，要求他立即離開。

三姊弟的母親李明姬

長期霸凌家裡的園丁，吐痰在人家臉上也就算了，甚至還拿鐵剪刀砸過去，也經常拿花瓶砸員工。大韓航空的員工手冊中直接寫道：「這是訓練，如果你被打了，不要抱怨，要假裝沒事一樣。」

「自戀型人格」有一〇％？是遺傳，還是後天教養？

我們常常說「財大氣粗」，大韓航空的老闆一家就是很好的例子，罵屬下這種事在日本、韓國的文化中根深蒂固，視爲家常，但眞正會動手打人的並不是那麼普遍。你要是問我這種**「自戀型人格」**有多少？我相信可能跟反社會人格差不多，也是一〇％。有一本書叫**《自戀時代》**，裡面也提到現在因爲少子化的教養方式，社會文化鼓勵自我表達跟自我肯定，還有網路的各種工具被拿來相互炫耀，像臉書、YOUTUBE、網紅等盛行，都直接或間接地助長了自戀的行爲與風氣。

看起來「自戀型人格」與社會文化、教養等比較有關係，但是根據研究顯示，其實「自戀型人格」與遺傳也有很大的關聯，否則一樣的資歷，差不多的成長背景，甚至是同一個家庭，爲什麼就是有人特別自戀，缺乏同理心，讓別人的日子難過呢？老實說，基因的問題也不容排除。但是類似像「媽寶」、「公主」有些確實是被養出來的，教育跟文化的影響應該也不容忽視。

根據精神科的教科書，或者整體精神科醫師的共識，不管是「自戀型人格」，或「反社會型人格」，透過心理治療改變他們的機會微乎其微。一個很重要的原因是，他們根本不覺得自己有問題，更遑論是精神疾病了，只是「反社會人格」也好，「自戀型人格」也罷，他們都是一種精神疾病嗎？都是天生的壞胚仔嗎？

我個人傾向認爲，這兩種人格問題是自然界的一種多樣性，跟同性戀一樣，都不應該被視爲疾病，也無法透過治療予以更正。反社會人格就是種族裡的冷血殺手（像狙擊手、特種部隊），跟騙人的外交家（像張儀、蘇秦），對於種族的存續有其正面意義，但需要的是風險控管。

而自戀跟自卑只是光譜的兩極，「自戀型人格」是病的話，那應該也有「自卑型人格」吧？自戀代表有信心、有魄力，**也是領導者魅力跟能力重要的一環。**一個思慮太多、瞻前顧後的人，像諸葛亮、蕭何，往往只能**做輔佐大臣、軍師，甚至死而後已。**

根據我在職場上與「自戀型人格」打交道的經驗，一個自私、自戀、缺乏同理心的**「自戀型人格」，除了那些傑出的領導者之外，幾乎注定是團隊的破壞者、豬隊友**，所謂的「團隊精神」根本對他們不適用。他們也往往從學生時期就是揪衆霸凌同學的人，到了職場上往往也是最大的霸凌者，當同事是豬隊友時，等到他們升了官、攬了權，他們會提拔他們的追隨者、馬屁精，但是其他人就「生靈塗炭」了！那不是所謂的「一人得道，雞犬升天」，而是「一人得道，雞犬遭殃」，對於不拍馬屁的、有原則不盲從的，他們就會不斷地給予霸凌。

如何應付自戀者的職場霸凌？

爲什麼上一章沒很仔細討論怎樣在職場上對付「反社會人格」，因爲那眞的太難了，職場上我們害怕的不是暴力，而是不斷的說謊、操弄。他們基本上不是明刀、明槍的霸凌，所以我會建議堅壁清野，盡量不要打交道，讓他們的使壞、說謊去對付外部的敵人。但是遇到「自戀型人格」卻往往避無可避，即使你躲在一邊都會有事，其實對付他們是有方法可用的：

1. 不要輕易讓出主導權

「自戀型人格」的一大特質就是喜歡做主角，遇到事情喜歡往身上攬，不管自己是否具備專業或領導能力。絕大多數的情況下，往往就變成主帥無能，害死三軍的豬隊長。萬一他們眞的成功了，「自戀型人格」只會更加自我膨脹，職位越高，霸凌別人的機會也越多。**就像台灣人喜歡說的「慣老闆」，給員工低薪資、低自尊、高工時、高壓力，即使不像日韓社會出現的打員工，職場也是煉獄。所以不要只是謙卑禮讓，該你的領域或擅長的項目，努力爭取主導權，爭取不被霸凌的未來。**

2. 對「被霸凌模式」與「被吃死死模式」說不，要及時抗議

我們常常被教育「**沉默是金、以和爲貴**」，但是即使沒有「自戀型人格」，那個時代也過去了。或許眞的因爲太沉默、太以和爲貴，如果再加上相信「人性本善」，有很多人，尤其在台灣，就自動設定了一個「**被霸凌模式**」跟「**被吃死死模式**」。等到你發現不對勁，你可能已經求訴無門，早就失去先機，甚至浪費了幾年的時間在一家不值得待的公司。所以不要太沉

默，甚至只要一不對勁，竟要主動出擊。我在職場上一遇到霸凌，是的，即使我已經是非常高階的處長，也會被「自戀型人格」霸凌。我學會避免在開會時、公開場合跟他們衝突，而是私下表達嚴重的抗議，要讓他們知道我也不是好惹的。但是對一般的上班族來說，我會建議**在會議中要好好釐清權責，不惜據理力爭，事後追加書面的確認，這是對付「自戀型人格」最重要的一招**。

3. 爭取尊重與公平的競爭原則

台灣比較多是中小型企業，即使是大型企業，在發展時間上跟歐美國家還是差很多。所以不是「外國的月亮比較圓」，而是外國累積的經驗比較多，在規矩上比較有原則、制度，以及合理性。舉個很常見的例子，就是「年度特休」，外商公司很重視員工把假用完，認爲適當的休息是需要的，可以提升效率。但台灣卻是希望員工不休假，最好連放假都可以隨時找到人，期待你手機二十四小時無限暢通，能夠隨傳隨到，好像人都不需要休息。**假如沒有尊重跟公平的原則，員工就更容易被霸凌；假如在論功**

行賞上、管理上沒有好的遊戲規則，「自戀型人格」就會爭功諉過，「反社會人格」就會說謊操弄。所以KPI也不都是不好的，把分工跟規則弄清楚，其實大家更能各自發揮。

4. 化對抗爲合作並強調責任

老實說，在職場上要能不遇到「自戀型人格」的機會其實不大，尤其越是知名的大公司，越會遇到那些含著金湯匙，或有著金光閃閃學歷的「自戀型人格」。與其祈禱不要遇到他們，不如學習不卑不亢，制定詳細的工作計畫，把分工跟責任弄得清楚而分明。作爲同事或下屬，這是自保自救之道；即使作爲主管，這也是管理「自戀型人格」之道。遇到「自戀型人格」，連主管也會被霸凌，其他部門也會被頤指氣使。那要怎樣合作呢？**遇到「自戀型人格」是要與之分庭抗禮，一切照規矩，不示弱、不低頭，讓自己強過他。**因爲自戀其實會妨礙成長、製造盲點，當你冷靜下來，你要比他深思熟慮、比他強並不難。

5. 讓他們自曝其短、咎由自取

就像剛剛講的，自戀會製造盲點，所以長治久安之道其實是利用他們的盲點來設局，利用他們愛出風頭的特性，故意讓他們出錯，讓主管或老闆知道他們的人格特質是對公司有不利影響的。但要是你的老闆本身是「自戀型人格」，那就趁他風光時，利用他的自大，累積自己的實力跟資源，找對時機換個公司，不要老是苦了自己來「慣」老闆。這個對一般的上班族來說，是很難的事，越是善良的，越不喜歡勾心鬥角，更何況做計畫設局了，不過就是上個班嘛！幹嘛搞得這麼累？但是你要一天到晚聽著、甚至跟著豬隊友叫嗎？眼看豬隊友害死大家嗎？就算沒被害死，淪爲長期被「自戀型人格」霸凌，結果更慘不是嗎？

第四章

面對競爭與忌妒

根據創世紀，第一個死去的人類是因忌妒而被殺死的。

亞當和夏娃生下了兩個兒子，老大該隱是農民，他弟弟亞伯則是一位牧羊人。有一日，該隱拿地裡的農作物獻給上帝耶和華，亞伯也將他羊群中羊的脂油獻上。耶和華看中了亞伯和他的供物，不喜歡該隱和他的供物，該隱就大大的發怒，變了臉色。耶和華對該隱說：「你爲什麼發怒呢？你爲什麼變了臉色呢？你若行得好，豈不蒙悅納？你若行得不好，罪就伏在門前。」後來該隱生氣並打了亞伯，把他殺了。這是歷史上第一次的殺人事件，被殺害的亞伯成了第一個死去的人類，而該隱殺人的動機是忌妒。

有一個流傳很久的故事：上帝對一個人說：「從現在起，我可以滿足你任何一個願望，但前提是你的鄰居會同時得到雙份的回報。」那人高興不已，但他細心一想，如果我要得到一份田產，鄰居就會得到兩份田產，如果我要得到一箱金子，鄰居就會得到兩箱金子，更要命的是如果我得到一個絕色美女，那個看來一輩子要打光棍的傢伙就會同時得到兩個絕色美女。他想來想去，不知提出什麼要求才好，他實在不甘心被鄰居佔盡便宜。最後他一咬牙說：「哎，你挖掉我一隻眼睛吧！」

人性到底是什麼？

一開始我們講了反社會與自戀型兩種人格，剛剛又舉了兩個歷史久遠、人性忌妒的例子。但是，人性到底是什麼？這其實很複雜，看你從哪一個角度去切入、去看待。我們最常講的善或惡，或善與惡，是其中一個最重要、我們最在乎的點，但這只是人性中的某一個特質。

人性也可以有「自私」與「博愛」，一個人可以是惡與自私，但即使是善良的人，有時爲了自己的子女、家人，可能也會有自私的一面。人性可以有「風流」與「下流」、「多情」跟「無情」、「喜新厭舊」與「始終如一」，卻也有對愛幾乎都沒興趣的亞斯伯格。不同特質的人性組合讓人類具備了極爲豐富的多樣性，就像金庸的小說《天龍八部》，其中最大的一個特點就在強調：**「個體可以有很大的差異性」**，像多情種子的段譽、貪戀權力的慕容公子、忠厚木訥的虛竹，這些差異性既可以是先天，也可以是後天。但是依照我作爲心理學家、精神科醫師、心理治療者，不管從科學的理論，或者衆多臨床經驗的累積，我會認爲先天體質佔的比例高達七至八成。

職場最高指導原則——生存與競爭，物競天擇，適者生存

單講人性與獸性有何不同、人性可以怎麼分類，大概可以寫一本書，但是與職場比較相關的人性，其實不會太複雜。之前已經討論過兩個最重要的

人格違常，它們往往是職場霸凌與禍害的根源，不過對於職場來說，相較於盲從、爭權、奪利、搶地盤、鬧情緒，「忌妒」這個東西可以說是一個超級嚴重的「禍害」，幾乎無所不在，也常常是霸凌的主因。實際上，不管作爲「一個被忌妒的人」，還是整天「在忌妒別人的人」，在情緒上都會造成很嚴重的影響。

要講忌妒，必須先討論**達爾文的進化論**，因爲進化論中講的就是**生存與競爭，物競天擇，適者生存，不適者則會被無情的淘汰**。**生存與競爭是職場裡最基本的鐵律，也是忌妒的起源**。我們拿孔雀做例子來說好了，當牠們到了求偶期，雄孔雀們就會努力展示牠漂亮的羽毛，發出聒噪的聲音，希望可以雀屏中選，藉著性交滿足慾望，但更重要的是從進化論的角度來看，可以遺傳自己的基因。至於那些最終沒被選上的，牠的基因可能就無法傳世，最後甚至滅絕，牠的心情應該是既沮喪又「忌妒」吧？忌妒本身正面的價值就是回去努力變得更好，贏得下一次的競爭；只是人性比獸性更複雜一些，也可以回去暗中使壞，把對手先行幹掉。

「物競天擇，適者生存」的前提是「生物的多樣性」

很多人忽略了在達爾文進化論中很重要的一個物種延續的基礎，那就是「生物的多樣性」；因爲多樣性可確保單一物種在環境變化下擁有最大的延續機會。要是鯊魚只有一個外觀、每一個人的基因都相同，病毒不會自行變異，所以當大環境改變時，一旦物種無法適應，一致性就會導致全軍覆沒，所以豐富的多樣性是物種延續的保險。像是中世紀歐洲的王朝，往往只能在極少數的貴族中互相選取婚姻的對象，到最後幾乎是近親繁殖，而過度雷同的基因會造成後代子孫的健康出現問題，甚至因而找不到直系血親來繼承王位。

很久以前，有一次我走在台大醫院舊址那條超長的走廊裡，背後傳來兩個年輕女生的對談，「聽說那個醫生會收紅包，爲什麼要這樣？醫生本來不是該以救人爲職志嗎？」「對啊！怎麼可以這樣？」當下我很想回頭跟她們說：「醫師也是人啊！一樣米養百種人，醫生也是這樣的。」所以俗語說得好，**「一樣米養百種人」**就是所謂的生物多樣性。但是在職場上，各種各樣的人都會有，不只是外觀長相不同，還包括「是否忌賢妒能」、「是否人格卑劣」、「是不是很愛錢」、「是不是爲了升官可以不擇手段」。問題在我們平常會不會努力地去觀察、分析、歸類？還是比較關心中午要吃什麼？同事是不是剪了頭髮？放假要去哪裡玩？

就像當我們看到新聞報導中黑道火拚、殘忍的隨機殺人、囂張炫富的詐騙集團，我們要嘛被憤怒沖昏頭，覺得這些人罪該萬死，要嘛覺得都是環境教養出了問題，這世界沒有眞正的壞人。我們往往缺乏對人性跟動機的解析，讓情緒或成見當下做了直接的反應—「夭壽喔！怎麼有人老婆這麼漂亮，還養一個醜小三？」「才幾歲的小女孩，怎麼這麼殘忍殺得下去？萬惡不赦，一定要給兇手死」。

在這個世界，我們似乎喜歡某種程度的混沌，不去細看每個人的本質，不去探討人性，最後把結果歸諸於命運或偶然。

我百思不得其解，只能說人生或許糊里糊塗過得比較快樂？！所以我們往往都不會好好的分析自己、同事親友，更不要說是周遭的陌生人，到底是「百種人」的哪一種？是什麼原因會產生某一個奇怪的行爲？我們好像覺得每一個人都一樣，「都是人」，非得等到出了問題，才猛然發覺原來「有人不是人」，是「禽獸」、是「怪物」，是「異於常人」。但是當你在職場上被自戀型人格霸凌，被反社會人格陷害，還有職場中超常見的因忌妒生恨，誹言所排擠，讓你鬱鬱不得志，其實「是不是人」並不重要，生氣、憤怒、難過也不重要，眞正重要的是該怎麼辦。

生存與競爭本來就是職場的例行公事

首先你要認清，生存與競爭本來就是職場的例行公事。從**達爾文的進化論**來看，每一個生物最重要的任務是「生存」，做爲集體群居的人類來說，合作的重要性多過競爭。我們不可能單獨跟猛獸對打，要靠群體的力量；脫離了野蠻部落的生活之後，我們也無法自行包辦食衣住行，隨著科技文明的演進，我們都只是職場上團體中的一分子，在服務生產鏈上的一個小環節，在世界地球村中小小的一根螺絲釘。

做為團體的一分子，並不代表我們完全脫離了生存的危機，都市角落裡依然有很多無家可歸的遊民，世界也不斷有戰爭、數以萬計流離失所的難民。在職場上找個低工資的工作在台灣並不會太難，但是這不代表可以過好的生活，就像香港，有些人被迫住在小到不能再小、衛生環境奇差無比的劏房，那種生活只能說是「可憐的存在著」，一旦年紀大了、生了病，立即面臨生存的危機。

我們要的當然不只是可憐的活著，看不到未來的希望，最後變成像日本跟韓國一樣的「下流老人」。所以**職場上必須要面對競爭，競爭不被裁員、競爭得到升遷、競爭擁有自己的事業。最大的差別是，你要掌握主動出擊，抑或被動地等待好運或厄運的降臨**。

不可諱言的是，在台灣的社會裡，老闆或許比較喜歡企圖心沒那麼強、默默做事等待升遷的員工。尤其對中小企業來說，往往一山不容二虎，你太傑出了，有時連老闆都覺得你難以駕馭，芒刺在背。就像獅群中只能有一隻成年的公獅，其他公獅一旦長大了，要嘛把獅王打敗，取而代之，不然只能黯然離去。

對大企業來說，假如你沒有跟對人，沒有適當的機會讓你有傑出的表現，時間轉眼即逝，你的競爭力只會每況愈下。像南部某大企業還硬性規定，即使是事業單位的總經理，一到六十歲就會被強迫退休，要是你到了五十歲還只是課長，那該怎麼辦呢？中年轉職是一大危機，拖著一家老小要自行創業，那可要有大本事。

幹嘛每個人都要有企圖心？我不與人爭，安分守己不行嗎？

當然可以，只是萬一當你辛苦爲公司工作了二十年，好不容易四十歲當上經理，結果四十五歲被資遣，兩個小孩還念大學，要是找不到好的工作，學費房貸都有問題，那該如何？

萬一還要被那些自戀型人格、反社會人格霸凌，還有被莫名的忌妒所陷害，那日子好過嗎？有些女生只因爲長得好看、身材好，就被說得很難聽，就像最近當紅的宮廷劇裡演的，女生的妒意有時是會要人命的。男生也一樣，我在世界大型製藥公司擔任高階主管四年多，單單應付這些忌妒的情緒跟陷害就很傷神了。

有一次我剛加入數一數二的美國大藥廠一個多禮拜，因爲在公司會議時一個中肯而即時的發言，立刻被公司列爲應該重點栽培的對象，主管被要求制訂我的發展計畫。照說主管該跟我討論要怎麼寫，要參加什麼訓練，在公司裡要安排怎樣的歷練與升遷。結果是主管把那份計畫「丟」到我的辦公桌上，很冷的說「把它塡一塡交給我」，我當時還很菜，對公司的運作與資源幾乎一無所悉，還是得乖乖地亂塡一通交上去。

結果不但從此沒了下文，主管平常連話都不跟我講，有時還在會議中冷言相待，甚至讓我難看。我一直覺得自己很無辜，只是建議了幾句，讓大老闆跟處長們對我另眼相待，我沒做錯什麼啊？後來有另一家公司來挖角，我就跳槽了，因爲誰知道我會被冷處理多久，表現好也得不到該有的讚美與獎勵。

忌妒時時刻刻在發生，沒得防，也避不了

中國歷史上一個最著名的故事發生在春秋戰國時期，孫臏與龐涓曾同拜於一個師父的門下，龐涓先當上了魏國的將軍，但仍嫉妒著孫臏，怕孫臏勝過自己。於是，他就騙孫臏赴約，挖掉他的膝蓋骨，讓其終生殘廢，再把他關起來。後來，孫臏被救到了齊國，齊王任命他爲軍師，馬陵一仗，孫臏用計大勝，龐涓自殺而亡。自殺之前，他說「這一仗可讓這小子出名了。」這小子指的當然是孫臏，龐涓的狹隘、忌妒，至死不變。

接下來這個故事，職場上的大家一定都很孰悉，可能經常都在發生。阿立今年三十五歲，已經是大型外商公司的行銷經理。他畢業於一流的研究所，人長得帥又聰明，你很容易就看出他的優秀。企圖心旺盛的他，是個工作狂，

絕大部分的時間、精力都放在工作上，優秀成績深受肯定！

只是他講話比較直接，雖然都是對事不對人，而且他總以極大的熱誠去協助工作夥伴，仍讓周圍的人很有壓力。莫明其妙的公司裡陸續出現一些謠言，說他爲人驕傲，對同事不友善，還說他跟獵人頭公司接洽、想跳槽，結果連總經理都找他懇談。

雖然他最後得到了總經理的信任，也澄清了謠言，但阿立不知道自己到底什麼地方做錯了？招惹了誰？他感覺非常沮喪，對於自己該怎麼待人處事很疑惑，有誰可以眞正信任。總經理雖然嘴巴上說支持，但是對於他未來的發展、職位也沒有好好跟他討論，一時之間覺得很灰心，想說離職算了。

這就是當年我的心情，所謂「良性的競爭」是讓自己變得更強、更好，別人比較強也要有風度地接受。輸了就繼續努力，持續不斷的找尋自己的舞台，而不是「非理性的忌妒」，使用暗黑手段詆毀人，搞破壞。假如是競爭升遷時不擇手段，所以不能接受，這還可以理解；但非理性忌妒所導致的幼稚行爲，根本只是爲了快意恩仇，像是到處踢館找人打架，那眞的叫「損人不利己」。

如何辨識忌妒，處理忌妒

以下九個跡象代表同事忌妒你：

1. 他們會給你錯誤資訊來陷害你，或誣賴你偷懶、犯錯。
2. 他們會在背後談論你，講你的是非，包括跟公事無關的私生活。
3. 他們會向你的主管或其他主管說你的不好，甚至故意捏造事實中傷你。
4. 他們創造一個充滿敵意的的小圈圈，把你當成共同的敵人，排斥你。
5. 他們會說一些酸言酸語，尤其當你有好的表現時，不會眞誠地恭喜你。
6. 他們會跟你劃清界線，叫你不要侵犯別人的地盤，阻擋你表現的機會。
7. 他們會在跟你同一團隊時採取不合作的態度，不計代價的讓你失敗。
8. 當你想要好好溝通，建立好的關係時，他們會說沒事，一切都很好。
9. 最慘的是失心瘋，寧可不計形象的跟你幹上，傷己一百也要傷你五十。

那該怎麼應付同事們的忌妒呢？

1. 首先要做到收斂鋒芒，不要傷害別人的自尊

有些時候可以注意一下，不要不小心傷害到別人的自尊，這樣不僅會招致忌妒，更會種下怨念。當事情順利的時候，有時你會很忙，無暇顧及太多禮數，甚至講錯話傷到別人；有時你的抱怨會多了一些，耳語相傳的結果會對你很不利。這需要平常在小節上多留意，習慣成自然最好，不然成天活在顧忌別人的想法跟情緒中，太累了。

2. 給別人表現的機會，不要把所有的事情都攬在自己身上

有些人能力好，但性子急，會一手包辦所有的事情，這樣會讓別人覺得不被尊重，招致忌妒跟怨恨。但萬一對方是豬隊友，或者自戀型人格，有時也眞的無法顧慮對方的感受，不過至少表面上該做個樣子，讓大家有參與感。

3. 不要因爲別人對你冷漠，用小圈圈排擠你而影響情緒，要雍容大度

要一直告訴自己，你是個有能力的人。忌妒人的同事會想辦法聯合「弱勢」，排擠你、酸你，有時會讓你質疑自己的待人處事。請你不要這樣做，適度的檢討有其必要，但是記得一句名言：「不招人妒是庸才」，不要被激怒，或被情緒勒索，要保持愉快的心情。

4. 眞正最好的辦法是超越，累積實力與功績，晉升到下個階段

記得你的目標是做職場的溫拿，而不是在乎一群魯蛇的忌妒；你需要的是績效跟表現，而不是人見人誇。眞的「不招人妒是庸才」，忌妒往往是無法避免的，即使你晉升到下個階段，依然會有忌妒的同僚，甚至是長官。最怕的是你無法辨識出忌妒，被人陷害，這比情緒霸凌更可怕。永遠保持正向的能量，不斷增強自己的能力，對人性有更清楚的認識與掌握。

你會是那個忌妒的人嗎？你活在不安的懷恨中嗎？

從另一個角度來看，不一定是別人忌妒你，你也可能是那個不理性、忌妒別人的人。職場中處處都是競爭，你會因爲發覺自己的能力不如別人而吃醋嗎？當你看不到自己的出路，卻眼看別人優異的表現，因而眼紅、動了情緒嗎？這其實也是一種心理病，叫**「職場忌妒症」**。

忌妒的特點是好勝、自私，當產生忌妒心並將其付諸行動的時候，往往是從害別人開始，以害自己而告終。忌妒會讓自己偏離該有的目標，忌妒會讓人失去理性，莫名的憤怒與不服氣。請試問你自己：

1. 能力不如別人會讓你痛苦，但就是不想認輸嗎？
2. 你會平常看到他就不爽，希望比你強的人最好就此消失嗎？
3. 你沒辦法好好地跟他講話，看到他越成功，忌妒心就更強烈嗎？
4. 什麼以大局爲重、團體精神，遇到他的時候都拋在一邊，就想看他失敗？
5. 忍不住的講他壞話，盡量蒐集他不好的事證，跟同事抱怨、跟長官報告？

要如何處理自己的忌妒心呢？別人忌妒你，你會受害，不管是情緒上或是實質上。你忌妒別人，不但最終會受害，還無時無刻活在痛苦之中。**一切忌妒**

的火焰總是從燃燒自己開始，忌妒的產生源於人們對贏得競爭的追求與無法面對不如人的現實。

所以當你發現自己起了忌妒心時：

1. 學會客觀地評價自己，發掘自己的長處

需要冷靜地分析自己的想法和行爲，同時客觀地評價自己的優缺點，最重要的一件事是牢記「天生我材必又用」，沒有人可以所有的層面都是最強的，也沒有那麼多的時間做全部的事。「避其鋒」很重要，我大學班上有一個同學，他的叔叔跟堂哥都當過台灣的圍棋棋王，我跟他下象棋怎樣都贏不了，比讀書也比不過。可是我沒有氣餒，也沒有硬要一較長短，我知道自己最擅長的是邏輯、分析跟耐心，所以我選擇了當精神科醫師，這是我最擅長的領域。而他因爲缺乏情緒的敏感度跟耐心，他做不來，也比不過我。

2. 多和朋友交流，尋求專業協助

當你發現自己對別人有了忌妒心後，建議你和職場經驗不錯的好友談談，聽聽旁觀者的意見。如果能力大家旗鼓相當，就用力、盡力的爭，眞的不如人，也要誠實以待。有些專業的職涯教練其實能幫你發現問題，分析你的專長跟公司的特質，制定不同的發展計畫。重點不在「爭一時之長短」，而是「適才適性，找到自己能發揮的地方」，講什麼發洩、轉移、昇華，從達爾文主義的競爭與生存來看，都是不切實際的。

3. 心胸寬廣，當你的同事升遷、加薪時，跟上司好好談自己該怎麼努力

很多時候升遷或加薪跟能力無關，有時是年資、還有待人處事的能力。甚至你的能力比較好，只因爲老闆比較喜歡乖乖牌、馬屁精，或者特殊關係的影響。千萬不要被憤怒沖昏頭，忌妒矇了眼，不管明或暗一定要討回公道。最好是跟主管升遷的上司好好談一談，查明確實原因外，謙虛就教主管對你的看法，也精明的評估你主管的見識與人品。有時離開是最好的路，萬一這家公司最後都是裙帶關係的近親繁殖，待太久對自己沒好處。

4. 尋求共榮，加入團隊，老二哲學

人不一定都要當老大，當King maker也不錯喔！就像當初一開始就跟郭台銘先生的幹部，雖然過得很辛苦，一不小心要被罰站個一兩小時，現在也都很有成就，至少也賺了不少錢。其實當老大、當老闆不見得有多好，承擔比較多，壓力也比較大。像我很喜歡擁有自己的休閒時間，喜歡閱讀跟寫作，當大公司的高階主管代表就要過一些，甚至很多必須但自己不喜歡的生活，所以我往往設定自己要是在大組織中上班，最適合的工作是高級幕僚，幫能幹的人做事也很好啊！

5. 斜桿人生，異軍突起

斜桿人生的意義在於走出原有的圈子，發展自己的第二專長，等到時機成熟，有時第二專長反而才是最適合你的呢！但要是你身陷忌妒的情緒裡，你會被忌妒、不平，甚至腦子都被恨意所霸佔，忘了人生有很多的可能，快樂有多重要。

最後要提醒大家三件事：

第一、「不被人忌是庸才」——有人忌妒不是壞事，都沒人忌妒才是大問題。

第二、「有能力是好事，待人處事也要精進、常留意」——有能力招人忌，要能及早警覺，待人處事要更周到，不要落人話柄，甚至驕傲自滿，那就糟了。請記得能力分專業跟非專業兩部分，像工程師寫程式就歸專業，而非專業能力裡，就屬待人處事最重要了。

第三、「會忌妒才有動力，要正向看待」——有忌妒之心並不可恥，一時不如人不要氣餒，更不要動歪腦筋去陷害人。記得人生可以有很多不同的道路，保持幹勁，山不轉路也可以轉。人生是馬拉松，因爲忌妒心重，老是跟人比來比去，甚至連小孩沒有像親友的小孩念第一志願，也要回去捶心肝的話，亂忌妒的人生很可悲。

第五章

令你吐血的人性──膽小懦弱、自私自利

邪惡自戀的人性可以很可怕，但是職場中同事的膽小自私，有時也會讓人沮喪到不行。

還記得「人性的二六二原則」嗎？其中二〇%的「人性本惡」，英文用**Psycopathy**來形容，**Psych**古老的意義就是靈魂，**Pathy**的意思簡單講就是有病的，**Psycopathy**我把它翻譯爲「心靈病態者」，意思是某些人的靈魂根本上就是邪惡的、有病的、危害社會的，而且是從生下來那一天就注定了，主要是反社會人格跟自戀型人格。著名影星湯姆．克魯斯所信奉的特殊基督教團體山達宗，就很強調**Psycopathy**，認爲這些人是魔鬼在人世間的代表，他們也認爲這些人的比率是二〇%，多麼奇妙的巧合。

二〇%的純善—「犧牲奉獻者」

他們的本性是利他的，也就是喜歡幫助他人，甚至犧牲自己。古今中外像蕾德莎修女、史懷哲醫師、陳樹菊女士，還有一群又一群的無國界醫護，幫我們抵擋伊波拉病毒，照護難民，這些「擇善固執」、「無私無我」、「刻苦犧牲」是人類裡偉大的二〇%，值得我們致上最深的敬意。面對現在貧富越來越懸殊的世界，怎樣支持他們的善念，讓企業盡到社會責任，讓NPO（非營利組織）跟NGO（非政府組織）有更大的發展，這些將是減少社會動盪、改變人類命運的關鍵。

善惡外的六〇%—有惻隱之心，但也膽小怯懦、自私自利，甚至殘忍的「常人」

1　現在的Psych像是心理學Psychology、精神醫學Psychiatry，不同時代已經有不同的思維，指的是腦部的運作，不再指靈魂了。

其實大部分的人都是有惻隱之心的，對於殘忍、欺騙的事都不太願意去做，也會有罪惡感。有一個研究發現，戰場上在瞄準敵人要害之後，軍士往往在射擊的那一瞬間會故意打偏一些，因爲惻隱之心讓絕大多數人不想一槍把活生生的另一個人打死。反社會人格者例外，他們是種族的殺手，享受殘殺的過程，最適合當狙擊手。

但你要是期待這些善惡之外的六〇%要能在壓力下，如緊張政治氛圍中、極權主義運動狂潮裡，堅持良知，有所不爲，基本上就像**米爾格倫實驗（又稱權力服從研究）**中顯示的，高達六〇至八〇%的人會在命令、威脅或利益的影響之下，做出我們認爲不人道的行爲。

這亦善亦惡的六〇%，比率遠遠高於人性本惡的二〇%，在我們的生活中、職場裡無所不在。或許該這麼講，我們四周大部分的人們，甚至包括我們自己，就屬於這六〇%，這些人的行爲隨情況會有所改變。或許大多數的時候，我們看到的是善良的那一面，但是這些人在職場上卻也有一些常見的「惡」行，雖然不能跟二〇%的心靈病態者相比，但也足可讓你在職場中遇到很多困難跟挫折，像是：

「心胸狹隘、愛計較」
「自卑膽小、爭地盤」
「固執官僚、不理你」
「目光短淺、搞自保」
「七嘴八舌、搞臭你」
「莫名忌妒、害死你」

第二個有關人性的原則——即使不是心靈病態者，也請不要信任不可靠的人性

每一個人善跟惡的程度不同，每個社會、每個組織中所謂善跟惡的標準也不盡相同。就像十九世紀的歐洲上流社會，他們曾經非常迷戀「初民社會」，通常是指中南美洲，或一些島嶼上的原始部落。他們看到這些部落對外來人的熱情，彼此團結合作，過著雖然原始，卻很喜樂的生活，就像人世間的烏托邦。但是法國人類學大師**克勞德・李維史特勞斯**（Claunde Lévil-Strauss）說得

最好：「我們只是沒看到他們不文明、屠殺鄰族的時候，所有的文明裡，善跟惡的比例其實都差不多。」

是的，根據許多的研究，美國、英國、法國、德國等，得到的都是二六二的人性分布。這讓我有很大的信心相信李維史特勞斯所說的─**「所有的文明裡，善跟惡的比例其實都差不多」**。職場上來說，如何辨明心靈病態者並不難，就像之前提到，他們的特徵很明顯，往往也不容易長期隱藏，只要你不閉起眼睛裝瞎，盡快學會自保之道也就是了。

但是對於那六〇%有善有惡的人來說，你會更難處理，因爲私下他們可能跟你相處得很好，但是大難來時，他們會出賣你；關乎他們利益時，甚至會鬥爭你。防不勝防之外，你也可能眞心換絕情。大多數的人依然可能忌妒你、陷害你、欺負你，有時怎麼死的都不知道。

一個很大的問題是，**父母往往教我們要相信「正義原則」**，只要自己好好做，天理昭彰，善惡到頭終有報。但是職場上當你處處吃虧，看著旁**邊的夥伴趨炎附勢、濫用特權、故意中傷你，卻因此占盡便宜時，你會很**

傷、很挫折、很憤怒，覺得自己對人很眞心，但別人都很自私，背叛你。

人類的本性自私嗎？

很多人抱持著不一樣的看法，主要的講法是：

1. 假如人類的本性是自私，那爲何會有幫忙別人，行爲上以照顧小孩爲優先呢？
2. 假如人類的本性是自私，那爲何會彼此合作呢？

這一個問題跟人性本善或本惡與否其實有著共通的議題，那就是我們爲什麼要**「把複雜多樣的人看成都是一樣的，然後用二分法呢？非黑即白？」**我還記得有一次帶著小孩跟朋友出去吃飯，朋友的小孩也差不多大，都是三、四歲。菜一上來，我看到分量不多，就趕快幫我的小孩把他愛吃的、比較名貴的、營養的盛到小碗裡，深怕他沒吃到。那時心裡突然閃過一個念頭：「自己這樣不算自私嗎？沒吃到會怎樣嗎？」在那個時候才頓悟到，即使自己眞的平常不算是一個自私計較的人，但是身爲父親的角色，似乎有一種自私的天性在默默的驅使我庇護自己的小孩。

延續生存才是各種生物最基本的天性，人類也不例外

不單是人，對所有的生物來說，怎樣去延續自己的生命、後代的生命，其實才是最基本，也是最永恆不變的天性吧？！我總覺得人類有一點、甚至很傲慢的是，自覺我們是萬物之靈，人性應該跟獸性不一樣，比較高貴。有嗎？人性有比較高貴嗎？

• 狼通常傾向單一配偶。成偶的狼只要配偶還在，絕大多數會終生相伴。人呢？不要說那些愛劈腿、死不足惜的男生了；那些老婆有小王不打緊，還生小王的小孩給自己不愛的老公撫養，這是怎麼一回事？這世界有比這個更自私、更殘忍的事嗎？我有一個病人，等到小孩六歲，才發現不是自己的血緣，那時他已經跟小孩的媽媽離了婚，小孩的媽

媽也搬走一年多了。他雖然很疼小孩，但最後心裡還是無法接受，只好忍痛把小孩送走。但不單是他感情上難以割捨，憂鬱了好幾個月，連他父母的內心都超級煎熬。人都不自私嗎？要是真的，你要我吞什麼球、送幾份雞排都可以。

• 繁殖中的狼配偶通常會壟斷食物，以便繁殖幼狼；當食物缺乏時，家族中其他狼便要付出飢餓的代價。人呢？我們沒這麼好吧？我還記得有一次我帶著一個一歲、一個三歲的小孩去中正紀念堂看燈會，回家時坐上一台接近爆滿的公車，整整半個多小時我抱著小孩，眼睛瞪著前面坐著的兩個年輕人，他們談笑風生，絲毫沒有讓位的意思。還記得幾年前麥當勞想要幫癌症病童弄一個地方，讓他們來台北就診的時候，跟家屬有一個免費休息的地方，結果附近鄰居竟然群起抗議。抗議什麼啊？癌症會傳染嗎？房價會因此變低嗎？

• 職場上的自私呢？當我當實習醫師的時候，正是開始做試管嬰兒的時候，台灣的幾家醫學中心無不摩拳擦掌想搶第一，唯有台大醫院慢條斯理，連一些基本器材都沒買。原因是當時主任的女婿正在國外學習，要等他回來才能開動。結果被別家醫院拔得頭籌，這時才「解禁」要急起直追，做不了第一也不能落到第三。結果第一支試管嬰兒受精之後，據說是由實習醫師抱著狂奔到產房，因爲沒買背的小冰箱。另外像是叫員工加班不給加班費、半夜發簡訊、明明知道別人放假還要叫回來開會，眞的是因爲公司財務很困難，事情有多緊急嗎？簡單一句話：「自私到不會替人想」罷了。

人性除了以生存爲最高指導原則外（捨身救人是二〇％那少數人的高貴情操），往往經不起利益的引誘，任何可能損及個人利益的威脅都會被嚴正的抗議。舉例來說，台灣有很多人口極其稀少的荒山野嶺、離島，但是我們幾十年來找不到一個條件跟人口比蘭嶼更適合可以放置核廢料的地方。難不成眞的找不到這些地方嗎？是極少數人的利益所造成的自私吧？

你相信「正義原則」，相信「善惡到頭終有報」嗎？

就像十九世紀歐洲人對「初民社會」迷人的想像，很多人在生活中、職場裡相信所謂的「正義原則」。在西方社會裡有兩派學說，一派是「功利主義」，一派則是所謂的「正義理論」。「功利主義」主張：一種行爲如有助於增進幸福，則爲正確的；若導致產生與幸福相反的東西，則爲錯誤的。幸福不僅涉及行爲的當事人，也涉及受該行爲影響的每一個人。

功利主義認爲人應該做出能「達到最大善」的行爲，所謂最大善的計算則必須依靠此行爲所涉及的每個個體苦樂感覺的總和，而每個個體都具相同分量。不同於一般的倫理學說，**功利主義不考慮一個人行爲的動機與手段，僅考慮一個行爲的結果對最大快樂値的影響**。

但是只看幸福與否，認爲人應該做出能「達到最大善」的行爲，不考慮一個人行爲的動機與手段，顯而易見的結果就是某些人的利益可能會被犧牲、權利被剝奪。當宗教或種族的狂熱與紛爭被帶進來的時候，又有什麼東西用來仲裁、喚醒人們的理性與良知呢？舉例來說，對猶太人的迫害是很悠久的歷史，從遠古的羅馬帝國、中古歐洲的波蘭、西班牙，到二十世紀初的希特勒都牽涉到以百萬計猶太人的死亡與流離失所。當時參與這些行爲的人，他們認爲趕走、消滅猶太人是符合「達到最大善」，不管手段有多殘酷，都認爲自己站在正義的一方。

另外一個例子則是中世紀時代的「獵巫」，其審判極爲粗糙，而把「巫師」活活燒死也極爲殘忍。但是從功利主義來看，燒死巫師的結果符合當時最多數人的善與快樂值，所以「獵巫」是急切需要的。因爲對行爲是否合乎最大快樂值的判斷是極爲主觀的，可能被煽動、容易犯錯的，所以才有「**正義理論**」，強調有些基本人權是不得被侵犯的，像「平等」、「人道」。

事實上：

1. **不管是東西方社會，不管是宗教或教育，基本上都錯誤的假設「人性是善良的」。**
2. **我們也普遍抱持「這世界有是非、正義跟公理」，而且相信「善有善報，惡有惡報」。**

這就是「**正義原則**」，你相信這樣的原則嗎？還是你相信「老闆說的就是對的」？「多數人贊成的就是正義」？假如這樣，那麼希特勒大可聲稱自己是正義的。依據我當精神科醫師看過上萬位病人，還有數十年來我跟人們共識、相處的經驗，我想幾乎每個人都希望活在一個有正義、正義最後也得以還他們公道的世界。

沒有正義、違反「正義原則」，才是職場的常態跟最大的痛

「問世間情是何物，直叫人生死相許」，這是多麼令人蕩氣迴腸的美麗執著；在職場上卻總是「問世間正義何在，直叫人灰心喪志」。人世間沒有任何一個人有權利、或有能力可以決定最終的是與非，連救苦救難的媽祖、最嚴明的法官，老實說也都維護不了正義，不是嗎？但我們心中依然有「正義」，依然深信這些「正義」是對的，不是嗎？有些人明明很糟糕，為什麼還留在公司？還深受老闆喜歡？甚至加官晉爵呢？

照道理，他們還留在公司做什麼？沒有了他們，公司應該會更好不是嗎？為什麼我的主管能力差、脾氣壞、衆人嫌，大家就是拿他沒辦法？每天

要被他霸凌。而我勤奮、忠誠，卻每天辛苦、委屈、悲哀無處訴，只能找精神科醫師倒垃圾，每天還要吃一大把的藥。

「醫師啊！你告訴我這世界有沒有公理啊？到底那個人什麼時候會有報應啊？我嘔到快過不下去了，該怎麼辦呢？」

我在藥廠的時候，曾經遇過一個超級尷尬的事，那時國際藥業公會嚴格規定，在學術演講時，受藥廠邀請的演講者不得提及非經允許使用的藥物與治療。我作爲醫藥學術處長是審核者，也是執法者，違規者必須接受很嚴重的處罰。結果有一次我去旁聽公司舉辦的一場演講，外國來的教授很遵守相關規定，但台灣演講的醫師卻是從頭到尾都違反規定，先講完的外國教授坐在一邊，一臉的不敢置信。我當場羞愧到無地自容，但是我知道那個犯規是故意的，是銷售經理想要促進業績，但是完全不合乎規定。

其實他平常的能力及表現都不好，與行銷部、學術部的溝通、配合也很差。我跟他的長官說，這個太違規了，必須給予嚴重的處分，甚至職務給予調動、降級。處長說：「我知道啊！他平時就是阿達、阿達的，我才讓他去負責精神科的藥，他在公司也待了二十多年，有妻有小，你要我開除他嗎？」因為規定才剛開始，我也只好給予一次嚴重的口頭警告，放過他。

公司裡面就是會出現這樣的事，不管再怎麼三令五申，就是有人故意不遵守，讓那些乖乖遵守公司規定的人像傻瓜，假如因而表現不好也沒人同情你，反而不擇手段的人常常可以出頭。就像有些病人他們來求診，最主要的原因是他們有一個歇斯底里，每天把辦公室搞到像地獄的主管。問題癥結其實不只是那個主管啦！更是那個不想斷然下處置，卻要做爛好人的老闆，讓公司不能進步就算了，連員工來上班都是折磨。

有時你的出發點很對，甚至你只是提出不同的想法，但是只要「潛在的、可能會影響到別人的利益」，他們都會利用機會故意整你；有時明明你沒有錯，卻因有人忌妒而莫名其妙被私下說得很不堪，甚至公然拍你桌子。但是你很清楚你的想法是對的啊！待人處事更沒做錯什麼，平常大家相處也很好，到底為何要被中傷、被修理呢？到最後甚至還懷疑是不是自己不夠好，該去買一本《不討人厭、不討厭人的智慧》，不是啦，沒那本書。你需要知道的是，人性中那不可預期的六〇%往往是自私的，只是看自私會可怕到什麼程度而已，會令你多受傷、多失望。

善惡之間那六〇%有以下幾個特色：

1. 遵從權威，忘了正義

即使事情不對，很多人也會照做，這是社會運作的常態，也是歷史沒停止過的重複，除了盲目的服從，有時也是因爲膽小怯懦。

2. 利益導向，踐踏道理

往往「道理擺兩邊，利益擺中間」，所以才說最糟的是「擋人財路」，萬萬不要相信「有理走遍天下」。

3. 地盤導向，不明事理

佔地盤是一種生物原始的天性，職場上多的是劃地爲王，不容越界侵犯的「潛規則」，某些人會因爲能力不足、自卑或忌妒，就搞小動作來保護自己。

4. 情緒驅策，管你是與非

職場上最令人困惑的是情緒，不管是爲了利益、地盤或「潛規則」，至少還有邏輯可循。但是鬥氣、鬧情緒，有時眞的只是單純看不順眼，氣場不合，這才是最難搞的。

所以，要在職場順心如意，你必須：

1. 不要跟他們生氣，不要對人性、對正義期望過高，越期待正義，受的傷害就越大。
2. 人性有善有惡，從不是老師教我們的那些忠孝仁義，比我們大多數人所想的複雜太多。
3. 人性往往既不高貴，也沒什麼道理可講，正義往往都是要靠自己努力爭取得來的。
4. 唯有努力獲得成功，你才不會陷在原地打轉，在「人性」打造的地獄中受苦受罪。
5. 也惟有堅持有所不爲，保持冷靜，讓自己更強更好，才能得到更大的成功與成就。

第六章

成功需要運氣與人脈——這還用說，但你知道關鍵也在人性嗎？

我們常說：「成功不是只靠努力，運氣跟人脈都很重要」，確實如此，但是怎樣才能夠讓運氣比較容易找上你呢？

很多人常說命中有沒有遇到貴人很重要，這跟人脈的建立與經營息息相關，不過我們要是不瞭解人性，常常吃人性的虧，運氣怎麼會好？人脈的經營也要從人性著手的。前一章提到，職場中成功的第一步往往在如何跳脫「人性打造的地獄」，所以：

1. 不對人性抱持過度美好的幻想。事實上有二〇％是會惡意害人、霸凌人的

「心靈病態者」，當你遇到他們、相信他們，厄運便找上你，好運不用想。

2. 即使是六〇%有惻隱之心的「一般」人，人性也可能造成傷害，包括忌妒、自私、競爭。大家都有競逐的機會，運氣常常需要建立在實力與謀略之上。

3. 與其對人性步步提防，不如學會怎樣看人、怎樣經營人際關係，好的人脈往往是好運的引領者、敲門磚。

時時刻刻惦記賺錢、成功是不對的事嗎？不是應該的嗎？

不管希冀成功或要賺到錢，人生有兩件事情真的無法強求：一是天生俱來的**聰明才智**，像愛因斯坦或比爾蓋茲這類天才；二是**後天過人的運氣**，像是中大樂透。在歐美有一本小書流傳了很久，叫做《致富的理論》，在網路上可以用英文原名《Theory of getting rich》搜尋得到。這一本書的內容不多，講得也很簡單，最重要的是兩件事：

1. 不要覺得賺錢是不對的事
2. 在對的時間做對的事情

書裡一直不斷的告訴我們「不要覺得賺錢是不對的事」，可是賺錢不應該是天經地義的事嗎？爲何賺錢該有罪惡感？這本書是在教人要昧著良心、不擇手段賺黑心錢嗎？

不是的，這要從歷史談起，在中世紀跟之前的歐美與中東，基本上還是農牧時代，除了皇室、貴族、田僑仔、土豪惡霸之外，一般人不僅貧窮，還可能因爲戰亂旦夕間一無所有。致富之道就得要靠經商，常常要冒著生命危險出遠門，長期在路上奔波，正所謂「商人重利輕別離」。所以追求財富的風險很大，社會也相對封閉，大部分的人只求平安就是福，溫飽比財富實際。

早期宗教幾乎都主張「貪錢是一種罪惡」

假如你研究一下幾個不同宗教的主張與歷史，你會瞭解爲何現在的銀行跟金融體系幾乎很多都被猶太人掌控。在以前的天主教、基督教或回教的教義裡，借錢是不允許賺取利息的；貪心，就是追求利益極大化，也是不對的。「貪」是基督教教義裡的七大罪之一，也是佛教「貪嗔癡」的第一名。即使在現代的回教世界裡，存錢在銀行依然沒有利息可拿，但並不是像日本的零利率喔！而是「不能」提供利息，必須要用別的名義做回饋。

在當時很多的宗教裡，大概只有猶太教對於賺錢跟貪沒有什麼禁令，猶太祭司從古據說就很貪，會假借名義在各種節日的祭祀中賺錢。所以猶太人就變成十幾世紀來，在歐洲與中東唯一可以堂而皇之開錢莊、開銀行，借錢給需要的人，尤其是貴族與商家。

假如借錢無利可圖，幹嘛開銀行？假如不能想盡方法要回債權，賠本生意怎麼做？這不就是人性嗎？所以如果還不出錢，店鋪可能被拿走；或者皇家貴族就會把某個行業特許給猶太人，讓他們藉著壟斷來賺錢。這跟猶太人在歐洲很不受歡迎，被視爲吸血鬼，甚至到最後被國王利用來鼓動民粹（可能欠太多錢了），下令驅趕離境有很大的關聯。

台灣社會鼓勵青年學子賺錢嗎？別傻了，薪水低到讓人痛苦

其實中國人自古講「士農工商」，擺明了就是把賺錢這件事看得不怎麼好，還說「無商不奸」。台灣的社會即使到了現在，多少還是浸淫在類似這樣的儒教思想裡，覺得不要把賺錢掛在嘴上，多談點仁義道德。雖然這樣，這個社會的人性並沒高明到哪裡，一般人性常有的「從生存到貪婪」，依然到處作祟，像是過期食品、工業污染、坑殺股市散戶的內線交易，甚至遍布世界的詐騙集團。

跟已經徹底資本主義化的歐美國家，以及已經愛錢到瘋狂的大陸比起來，台灣人對於立志賺錢這件事並不是那麼的鼓勵，雖然對於能擁有超跑、豪宅，大家的內心實在都超羨慕的。有一次去參加一個工作坊，主講者是一個美國人，演講主題是服務。這位美國人去過中國，但從沒來過台灣，一開始他就問大家：「服務的目的是什麼？」那天來的都是大公司的高階主管，大家應該都知道他的答案是「賺錢」，但就是沒人要回答。他只好自問自答：「服務不就是為了賺錢嗎？」大聲講完之後還特意停頓了好幾秒，應該是在等待掌聲，結果台下完完全全沒反應。他不知道其實台灣人不是不愛錢，只

是不知是比較有文化，還是比較矯情，就是不愛把賺錢掛在嘴巴上。

美國夢？別傻了，不被嘲笑、霸凌、窒息就很好了

其實成功也是，美國人最喜歡講美國夢，會製作電視節目專門介紹名人跟巨富，會鼓勵大家立志去追求，甚至老闆還幫你設想要怎麼學習與升遷。這在台灣幾乎是難以想像的事，老闆在意的是你夠不夠忠心、夠不夠賣命，加薪能省則省，升官則是看他的需要。我有一次跟澳洲的同事聊天，她說總經理會跟她聊，以她的潛能可以怎樣在公司發揮，要安排她接受什麼樣的訓練，職務上需要怎樣的歷練。我後來才發現，好像很多國家的同事都有類似的情況，老闆跟經理之間有比較多的溝通、討論，甚至教導。

這種有計畫地培養人才，鼓勵員工積極追求成功，在外商公司已經行之多年。台灣本地的公司相對成立的時間較短，如何藉著對員工的栽培而延續公司的成功，在觀念跟經驗上都相對不足，連老闆作爲一個經營者很多地方都不知道問題所在。但是即使是外商公司在台灣，往往台灣主管也只是做做樣子，屬下也不敢顯露太積極的態度，所以很多總經理都無法內升，幾乎都

是外國人。至於台灣人因爲表現傑出、資歷完整被外派去其他國家當總經理的，除了早期在中國之外，幾乎是沒有的。

所以不只是不把賺錢掛在嘴上，太有雄心壯志、太想出人頭地，在台灣都還有很多的忌諱，常常被告誡要「藏鋒歛芲」、「大智若愚」，甚至在政治上還會因「天威難測」而惹禍上身，連出來選舉有時還要扭捏作態、要別人拱，這在歐美國家幾乎不可能，這是會被嘲笑的。

社會需要維持價値觀，我們也絕對需要爭取自己的「價値」

就讀台灣大學，那已經是很久以前的事了。從大一新生就強烈感受到學校對道德價値的要求，希望學生要說對的話、做對的事、做社會的良心，但從沒教我們賺錢的訣竅跟如何有成功的職涯。結果進了社會才發現，什麼「社會良心」、「堅持對錯」很容易惹人厭，被認爲是難搞。你說不是這樣啦，是台大學生從小太順利，自覺高人一等，講話有時眞的從鼻孔出來、傲氣。

「台大人普遍難搞」這個評語我也蠻贊成，確實有些人從小都是贏家，平常氣焰太盛，自覺擇善固執，到最後卻只是眼界不夠、思慮不周。但是你知道嗎？我在藥廠求職面試時，最大一次挫敗是因爲被說「太有正義感，會認眞做對的事」。那是一個韓國人說的，想想是因爲藥廠在韓國做生意的手段糟糕慣了，經常花錢收買醫師開藥，她覺得我跟他們不是同一掛的。

那幾年正是藥廠在自我要求，希望大幅提升道德的時候，應徵時她還特別問我對嚴格規範的看法。我規規矩矩的回答，也表達這樣比較好，背後卻招來這樣的評語，只覺得夫復何言。這是人性常見的「說一套、做一套」，心中預留犯罪的空間跟意圖。絕大多數的人都愛錢，很多人也不惜做一些壞事來賺錢，但是**他們嘴巴上可能依然高掛著「道德原則」與「正義原則」**，不然哪來的食安風暴、疫苗風波？哪來的貪污、舞弊？**社會價值很重要，成功與賺錢從達爾文進化論的角度可能比其他更重要，但是原則跟價值最好還是能和平共存**。

在台灣社會要坦然表白自己對賺錢的慾望，還是有很多人心裡覺得不妥，覺得貪財是不對的，會破壞社會價值。但不可諱言的，小三一個月的零用錢往往比正宮多很多很多，不是嗎？上班族辛苦工作一天，假如照基本工資算，跟傳播妹一小時的工資是相同的。要是大家都把賺錢掛在嘴上，價值觀會被破壞，社會不就亂了！但是**要賺得到錢，就是要跟錢做鄰居、做朋友，「念茲在茲」**不是嗎？只是要光明正大**「做對的事情，在對的時間」來賺錢**。

這個社會不要再「愛呷假小二」、「惦惦吃三碗公」

另外一個台灣人常有的人性就是「愛呷假小二」，尤其每當競選時，往往越早喊要選的人會成爲眾人攻擊的目標，所謂的「棒打出頭鳥」，所以都要扭捏做勢一番，營造眾人擁戴的氣勢。**「愛呷假小二」往往跟能力不足但是硬要出頭、耍手段有關**。不過在職場上，「愛呷假小二」其實會大大影響公司的發展跟效率，因爲花力氣與時間在觀望、使小手段、迎合上司好惡的人，「惦惦吃三碗公」，反而成了最後的贏家。

目前時代的趨勢是需要創新、吸引投資公司的注意，才能得到發展所需要的資本，這已經是門顯學，假如我們還是習慣「愛呷假小二」、「惦惦吃三碗公」，將會是非常不利的。最近有人提出一個所謂「**爆裂式成長**」的概念，意指像臉書、谷歌這類型公司，當初都採取超快速的成長，即使面臨混亂的挑戰，但也才能達到獨霸世界的目的，這是必須冒的險。一般人不容易做到這些世界一流人物的境界，但是要知道，有時太小心、太假惺惺，即使有好運，也會變得很有限，甚至一瞬即逝。

平常不跟錢做朋友、做鄰居，運氣打哪來？

你想賺錢嗎？想買房子安身立命嗎？想給小孩比較好的環境嗎？這些都是人類生存所需不是嗎？而不是一天到晚被欺負、被霸凌、被壓榨，把力氣花在不好的情緒裡。我們不是爲了錢要胡作非爲，而是如同《致富的理論》所強調的第二點「**要做對的事**」、「**在對的時候**」，至於這中間的精髓，就要看你讀書時的心領神會了，下面則是我的些許領悟。

什麼是「對的事情」

第一步就是如果你眞心覺得要努力賺錢，就不要「假清高」，不要覺得賺錢有什麼愧疚感，**你的工作計畫、你的人際互動就要想辦法繞著錢打轉，不要怕被說現實、貪財**。我們常說「機會是留給準備好的人」，但也都知道光靠努力是不夠的，對嗎？你要有計畫、有野心，若聽到賺錢的事就好好的研究，有機會也要大膽一試。

假如你的目標是成就一番事業，錢是很重要的事，切記生存是第一要務，而這跟錢有關。假如你要的是做教授、從政當官，其實道理跟賺錢也沒什麼太大的不同。像是做研究，選對方向很重要，有人執意要把某一個理論爭辯弄清楚，但是其實相關的研究已經做太多了，只是錯的那一邊堅持不認輸而已，這時你的投入叫浪費，那也是「做錯的事」。

機會，也就是成功或賺錢的時機，掌握「對的時間」很重要

怎樣掌握時機呢？包括平常資金的準備、技藝上的學習，還有對社會的觀察。而如何去觀察時機呢？有人喜歡看商業雜誌、聽分析評論，但人脈也很重要，人脈會提供你別人寶貴的親身經驗。常常聽別人的故事很值得，除了可以收集知識外，不管是成功或錯誤的經驗，都很有參考的價值。像MBA的課程就有很多案例研究，從別人成功或錯誤的經驗中萃取法則跟教訓，也就是在學習怎樣在**「對的時間」做「對的事情」**。

關於怎樣在「對的時間」做「對的事情」，台灣最有名的故事是小七—7-11便利商店。你大概會覺得小七是統一集團一手所創立的，實際上不是，是統一集團中的一位大股東，據說他超級有錢，眼看便利商店在日本越來越成功，他雖然連續虧了好幾年，卻一直堅持到逼不得已才賣給統一集團。沒想到才剛換手沒多久，小七就立刻轉虧爲盈，沒幾年就把柑仔店幾乎都打趴在地。

何以致之？第一，時間不對，台灣社會那時還是講人情的時候，寧可跟柑仔店，也就是鄰居「交關」兼聊天，不願意去制式的便利商店。第二，做的事情「不對」，花的裝潢費不夠，跟柑仔店的區隔沒那麼大。另外是他本身對於經營的概念不夠，不像統一集團，可以找到一位日本留學回來的專業經理人。

努力經營人脈是很重要的事情

不過單講人脈，至少又要半本書，所以只講一件事：**人脈很多都是特意經營的，需要不斷投資跟學習，有時就是不恥下問，四處尋才。**像有些人去名校念什麼ＥＭＢＡ，參加什麼社、什麼會，都是在經營跟錢有關的人脈。但人脈不限於錢，認識不同專長的朋友也是人脈，平常就要留意建立自己的人才庫，也要讓自己成為別人的人才庫。

建立人脈不只是花錢打關係，**心思、耐心、體貼、體諒、不計較都是最基本的**。但是這些「軟功夫」往往卻被忽略，因為絕大多數的人相信人跟人之間「自然就是美」，**結果往往是－相信「自然就是美」的人，常常會被「心機用得很自然」的人拿去利用。經營人脈時，請拋開那些心靈變態者惡意的虐待，超越那些人類難以避免的自私與忌妒所帶來的壞情緒，那些人脈不但沒有ＣＰ值，基本上是傷害遠多於幫助。**

結語：知道並集中注意力在最重要的目標—生存、成功

- 「對的時間」—平常要有意識的收集資訊、學習技能，汲取別人的經驗，隨時留意時機是否成熟。
- 「對的事情」—就是讓你離目標越近的事，除努力之外，你要保持正向，相信自己，並且能夠說服別人給你支持。
- 對的時間，做對的事情，才能享有運氣。

第七章

從人性出發的成功五大要素

能瞭解與處理人性惡的一面，進而不被霸凌，只是職場的第一步，最終的目標是要成功的升遷、創業。

但是要成功靠的絕對不只是運氣跟勇氣，是要能克服自己在人性上的弱點，願意去面對與挑戰自己，隨時能保持精力旺盛的狀態，這就要擁有自律的精神，想辦法要樂觀理智，並且要擁有說服別人的力量。

如果拋開專業的技能不論，成功很大的一部分是在面對自己人性的弱點，努力去克服，甚至超越。舉例來說，有人一起床常常就發脾氣，一天剛開始就不順，即使明明知道這樣的行爲很糟，但絕大多數的人並不會怎麼想要去克服，反而希望別人可以體諒他、配合他。也有很多人明明能力不足，卻偏不信邪，埋著頭苦幹，認爲「人定勝天」。別人卻只覺得他成事不足，敗事有餘，還說不聽、講不動，是煩人的豬隊友。結果往往一輩子搞下來，這種人從不願眞正面對自己，覺得懷才不遇是別人的錯，心中充滿忌妒跟憤恨。

「歸因謬誤」是人常犯的錯誤，把自己的過錯推給外界的人事物

「歸因理論（Attribution Theory）」- 在心理學上很重要，它是在研究人類如何去評估自己或他人的行爲、結果，並爲這些找理由來解釋。最後，心理學家們發現，「歸因謬誤」是人類一種認知過程中常犯的錯誤，也就是在因果關係的判斷上並不客觀，往往容易認定是別人惡意，是別人的錯，而忽略了客觀的環境因素，以及自己的錯誤與不足。

人性如果讓自己陷入錯誤的認知，認爲事情的問題不是出在自己，而是外部環境跟別人，結果是終其一生不願去檢討跟面對自己。所以，人性中最難的是去面對自己的弱點與錯誤，認爲別人「死不認錯」是大家都有過的經

驗，但其實我們自己也常常「死不知錯」，這跟自我信心的維持有關。就像每隻雄孔雀一定會認爲自己的羽毛最漂亮，一旦喪失了信心，連動物也會憂鬱不想活，就像被驅逐離群的年輕雄獅子一樣。不斷的失敗、無效的掙扎、負面的思考，焦慮、憂鬱就隨踵而至。大家都希望成功，對吧？但是「歸因謬誤」卻讓你膨脹自己，歸罪別人，離成功越遠。

從面對自己人性出發的五大成功要素：

1. 知彼後的知己：面對自己，克服「過度自信，死不認輸」，「以人爲鏡明得失」。
2. 過人的精氣神：精力充沛，克服「怕苦畏難、愛抱怨」，「勇於挑戰自己」。
3. 做到滿的紀律：把別人要求的紀律，內化爲自律，變成強大的力量。
4. 正向的思考力：拒絕「失敗主義」，靠思考找出路，保持信心與彈性。
5. 說服人的能力：瞭解人性，進而操控人性，善用溝通跟談判，步步「爲贏」。

知彼後的知己

我們最常講的不是「知己知彼，百戰百勝」嗎？那什麼叫做「知彼後的知己」？

當我們在講「心靈變態者」、「利他主義」、「自私自利」，還有「**忌妒**」、「**虛偽**」**這些人性時，我們就是在講「知彼」**，「**彼**」**指的就是人性、人的特性**。人的特性基本上就是達爾文主義的「**物種多樣性**」，要切記在心「一樣米養百樣人」，看人不能隨便就下判斷，更不能吃了大虧還死抱著「人性本善」不放。穿著醫師白袍、宗教團體制服，言必稱佛菩薩、上帝阿拉，甚至以師傅、上人自居的，一定就是善類嗎？我想只要睜大眼睛，拋開對人性的迷思，答案很清楚，愛錢騙人的都不在少數。「聖人不死，大盜不止」，其實也就是「聖人不會死光，大盜也不會終止」，這就是人性。

所以一個大議題是，當你遇到一個人，怎樣能夠快速的把他的特性看清楚，而這一個人不必然是你的敵人，有時候如何把家人、朋友、同事看清楚，對你來說更重要。越親近的人，跟我們互動越多，在情緒上或行爲上可以影響我們、傷害我們的程度更嚴重。

千萬不要偷懶，簡單分成「好人」、「壞人」就好

像我有一個壞習慣，一見面就說我變胖的是壞人，變瘦的是好人，這樣的苦果是，往往被服飾店店員利用，衣服買太多。多樣性是所有生物物種成功繁衍的要件，有的鱷魚嘴巴很長，有的很短，是環境抉擇的結果；非洲的人類膚色比較黑，因爲可以防止皮膚癌病變，也是進化的選擇。以前吸收好、容易胖被視爲福態，飢荒時撐得比較久，現在是三九九吃到飽的時代，這些人會因三高而早死。

所以，先看這個人會不會容易撒謊，對撒謊、違反規則不在意，喜歡暴力殘忍的事件，那就很有可能是反社會人格。至於要得到所有人的注意、以自我爲中心、缺乏同理心，喜歡帶頭領導的，則很有可能是自戀型人格。閃過這兩種大魔頭，注意旁邊有人忌妒你嗎？刻意跟你唱反調、亂造謠、亂告狀嗎？這是忌妒。有人跟你同時競爭某個職位嗎？他是否窮盡洪荒之力求表

現，做人面面俱到，明明是勢在必得的樣子，卻假裝謙虛禮讓呢？這是競爭。是否有人對自身利益很計較，對於是非對錯、團體運作其實不是那麼在意呢？這是自私。

看清自己很重要，所以請用相同的原則來看自己─你會喜歡說謊、不愛守規矩嗎？你會喜歡搶鋒頭做老大嗎？有人遇難，你會赴湯蹈火嗎？你會爭功諉過，不擇手段嗎？你是那隻自以為是的井底之蛙嗎？

「人貴自知」不容易，這就是「達克效應」

衡量別人的相同標準，我們也要用來衡量自己，但是人往往對自己眞實的面目不是很認識，甚至潛意識中還保持盲目的自信，就像心理學中一個很有趣的**達克效應**（英語：**D-K effect**）。

達克效應是一種**認知偏差**，指的是能力欠缺的人有一種虛幻的自我優越感，錯誤地認為自己比眞實情況更加優秀，也就是一般我們在說的「**夜郎自大**」。康奈爾大學的 **David Dunning** 和 **Justin Kruger** 於一九九九年首次在實驗中，透過人們對閱讀、駕駛、下棋或打網球等各種技能自我評估的研究發現：

1. 能力差的人通常會高估自己的技能水準；
2. 能力差的人不能正確認識到其他眞正具有此技能的人的水準；
3. 能力差的人無法認知且正視自身的不足，以及其不足之極端程度；
4. 如果能力差的人能夠經過恰當訓練大幅度提高能力水準，他們最終會認知到且能承認他們之前的無能程度。

大學時有一次跟同學去山上郊遊，走著走著突然聽到「車四平五」、「砲七近三」，好像有人在下象棋。只是崎嶇山路怎麼帶棋盤呢？小型磁鐵的那種嗎？好奇之下回頭一看，竟然是兩個同學在下盲棋，也就是像武俠小說中看到的，棋盤跟旗子的位置都在他們的腦中。這需要右腦極大的空間記憶與運作的能力，一般來說，這類人也適合學跳舞、開戰鬥機。我呢？七歲時會下象棋，自覺棋力還不錯，後來不信邪，跑去挑戰那兩個同學，結果根本完全不是對手，眞實的驗證了達克效應。

念了心理學研究所後，發現自己是純然的左大腦人，右大腦功能的什麼空間、繪圖、音樂，都是我的弱項。每次遇到智力測驗的積木題，到最後比較難的地方只能投降，常把我搞到頭暈想吐。音樂也是，學小提琴連最基本的調音就是學不會，才四條線，照著鋼琴的音把它的鬆緊調好很難嗎？對別人來說可能是天生的，一學就會，我花了四年就是做不到，因為我聽不出差別。這就像達克效應的第四項－經過適當訓練大幅度提高能力水準，他們最終會認知到且能承認他們之前的無能程度。對我自己來說，要花四年最終才體會到自己是音癡。

我不相信什麼「天下無難事，只怕有心人」，從個人的經驗、達爾文的理論，我相信李白的「天生我才必有用」。人沒有比較、沒有挫折，就會像達克效應所說的，不知天多高、地多厚，不知自己是個什麼樣的「東西」。**隨隨便便就說「瞭解自己」、「人定勝天」是自欺欺人的，知己必須建立在「廣泛知彼」的基礎上。根據達克效應，沒有來由的「自以為是」、「自慢自高」是一種人類自欺欺人，最終將導致失敗的人性。**

在職場，不要挑戰「人性」，更不要挑戰「天命」

所謂的「天命」，指的就是老天爺所給你的天賦，也就是老天爺要賞什麼樣的飯給你吃。有一次，我去一家世界排名前十的MBA學院接受短期的課程訓練，主持的教授有一天心血來潮，講起他自己的故事，很值得大家參考。

他媽媽是世界知名的芭蕾舞名伶，是那種掛頭牌跳天鵝湖的等級，所以他從小就學芭蕾舞，希望有朝一日能名揚天下，讀書從來不是什麼重要的事。教授是男的，所以最後的大考驗是天鵝湖中男主角連續十三個大迴旋，他不管怎樣苦練都無法達成，只好放棄了，因爲當配角、到二流舞團從來不是他考慮的選項，他後來用功念到博士，當了那個名校在亞洲分校的頭牌教授，才發覺到他的專長是邏輯跟溝通，所以他很享受教書，學生也很喜歡他。

即使像廚師，其實也是講天分的，好的廚師不需要精通數學、化學、英文，最重要的是嗅覺、味覺，跟耍刀弄鍋的天分。假如你是一個吃什麼都沒差的人，每個東西都一樣好吃，裡面放什麼調味料都嚐不出來，我想給你再好的食譜跟訓練都是白搭。

「天命」很殘酷，往往先天的多，後天的少。但是「天命」也很公平，即使天賦很好，但是怠惰練習，自我要求不夠，也會不斷沉淪。不服「天命」的人，常常就是那種忌妒別人天賦，用計、使壞，到最後只能活在以霸凌為樂的人。找到「天命」，即使不能做到世界第一，可是如果能做出成績，還能不斷進步，那就是快樂、成功的人。我們不需要自我要求太高，記得一山還有一山高，適可而止。強要天下無敵，到最後活在忌妒的痛苦深淵裡，既會霸凌別人，也同時在霸凌自己。

「以人為鏡，可以明得失」，唯有透過對「人」的認識，方能定位自己

以我自己為例好了，從小我跟人的辯論幾乎沒輸過，一個人可以單挑一整個班級，上政論節目對付諸多名嘴也是輕鬆自如，唯一輸過的只有我的高中同學，知名作家、超級會講話的侯文詠，不過那已經是高中時代的事情了。但是辯論不只是靠邏輯，平常學識的收集、思辨的能力都需要一點一滴的匯流跟累積，要日積月累做很多功課。

但是要比空間等右大腦能力，像是做一個好的畫家、音樂家，或者外科醫師，那就不是我努力就可以達到的。當你熟悉達克效應，再搭配經驗跟閱歷，你其實不需要花很多時間嘗試之後，才知道自己什麼不行。「**眼界**」很重要，要有好的分辨能力，最好可以親臨現場看看大師的功力，這樣可以大幅縮短克服達克效應所需要的時間。像我在藥廠工作的時候，經常在國內外聽知名教授的演講，聽久了眼界眞的不同。一般的教授照本宣科，把研究的結果整理做成投影片，遇到問題一律「這個問題問得很好」，然後開始支支吾吾、沒有結論。最厲害的教授會旁徵博引、上天下海，你想問問題之前都要掂掂自己斤兩，免得出自己的醜。

所以「知不足」是好事，**唯有對人跟情勢有正確的衡量，才是成功最好的基礎。輸了就是要認、要忍**，如孫子兵法所云：「善用兵者，**避其銳氣，擊其惰歸**」。**超級害死人的人性就是：「過度自信，死不認輸」**

以人爲鏡，往往才能眞正明白自己的優劣得失，但前提是「**對自己誠實以對，不要怎樣都不服輸**」。輸了，不管是覺得「對方只是這次運氣好」，還是覺得「只是自己這次不夠努力」，如果是你先天有所不足，那麼這兩種想法都是在自我欺騙。這個「**過度自信**」的人性讓我們對自己盲目，對別人忌妒，對事物失去客觀，除了造成不斷的失敗，也喪失了找到自己眞正天賦的機會。

之前我待過的一家醫院，有一位很有名的小兒外科醫師，他眞的可以說是「視病猶親」的表率。有一次他的刀開壞了，小孩子的父母還反過來安慰他：「醫師，你不要難過，我們知道你已經很盡力了。」問題是這家醫院的工作人員都聽說了，這方面的刀千萬不要找這位醫師開的傳聞，雖然他已經很資深了。這樣罔顧能力限制的堅持專業，大概是超越了達克效應的第四項——「再怎樣都無法認知到且能承認他們無能的程度」，其實在這個社會上這種人好像還眞不少。從社會功利的角度，你或許可以說這個醫師很有名、很成功，但眞的嗎？

「**死不認輸**」，除了可能因爲你其實並不是很適任而害到病人之外，也會讓一個人經常活在一堆怨恨裡，當然這在賭博成癮的人身上是最常見的。堅持有時是必需的，但是心平氣和地看待問題，傾聽別人的意見，承認自己的不足也很重要。不然「**絕不認錯**」、「**死不認輸**」變成「**輸到脫褲**」，甚至到最後「**殃及親友**」、「**永不翻身**」，那眞的是人生最大的悲哀。人生最重要的**議題就是「知彼知己、承認不足」，「找對方向、努力學習」，「挑對戰場、奮勇向前」**。

「精氣神十足」——要克服「怕苦畏難、愛抱怨」的人性

美國知名的大公司GE（通用），在幾年前有一個最傳奇的總裁**傑克．威爾許**（Jack Welch），他曾經出了一本書《4E領導學》，講授領導人四個最重要的特質，第一個就叫 **Energy**（**精力**）。所謂的**精力**就是像郭台銘先生一樣，往往一天工作十六個小時，但永遠精神奕奕，講話、罵人滔滔不絕。

鴻海以前流傳一個笑話，有一次郭董在大陸廠區開會，那時已經是晚上十一點了，他講著講著剛好從窗戶望出去，看到對面宿舍的大樓有很多燈光是亮的，他當場指示去查是哪些人「這麼」早下班。從此以後，大家要是「早點」

回宿舍，先把窗簾拉得密密實實的，燈也不敢開，只好點蠟燭。

像最近馬雲先生所講的「九九六」引起很大的爭議，所謂「九九六」就是從早上九點工作到晚上九點，一周六天。他講得很高興，但大家聽了很生氣，覺得那真的有點不人道，對於身體不是很健康的人來說，簡直是在賣命。我的病人之中，也有當大老闆的，早上八點就開始工作，晚上回去都工作到十點以後（所以需要我來幫他治療失眠）。

好像成功人士工作的時間都超長，而且樂在其中，像台北市長柯文哲先生的工作時間也是很長。有次我早上七點在捷運站看到他的衛生局長，也是前台大醫院的黃教授，應該是要搭捷運去跟市府團隊開七點半的會。他那時已經六十五歲了，依然看起來很有精神，不像絕大多數的年輕人，總是一副沒睡飽、要死不活的樣子。但是我卻在想：「需要這樣嗎？都可以退休了，還要這麼早起，也未免太可憐、太苦命了吧！」

你會說像郭董啊！台大外科教授啊！還有已故的王永慶先生，這些人都是長期長時間、非常努力的工作，應該都是天生異稟。那像我們一般人，有些即使每天只是上八個小時的班就覺得累，回家抱怨一堆，那還有辦法成功嗎？可以開創自己的事業嗎？我想答案很清楚。

工作越久，越能體會要成功、要當領導者，精力充沛是第一前提

之前在藥廠上班，常常出國開會，十幾個小時飛機飛下來，往往只能禮拜天下午休息個半天（意思是禮拜五上完班，禮拜六一大早的飛機，抵達時是禮拜天早上），接著就要連開四至五天的會議。會議總是從早上八點持續到下午五點，但這不代表你可以回房間休息了喔！接著是團體晚餐，杯酒交晃到晚上十點是正常的事；要是早點吃完，總經理又會拉著大家去酒吧聊天到十一點。但我從沒看人開會打盹過，蠻多時候是小組討論，參與的都是高階主管，不可能輕鬆打混摸魚的啦！

有時候我要是早起，會到健身房去運動一下，赫然發現裡面都是公司很高階的人物。看他們在跑步機上的英姿，我都自慚形穢，因為他們的速度應該每小時至少十二公里（一般人八至九公里就不錯了），和馬拉松選手平常練習的速度一樣快，機器旁邊都是他們的汗水。連老外自己都說，那些當到最高層的簡直不是人，精氣神超好，即使一大半以上的時間都飛來飛去，每周都在跨洲開會，但從早到晚看起來都是神采奕奕。

我們不要說這些算是世界級的菁英了，台北市復興南路有一家豆漿店，生意好得不得了，永遠都大排長龍，但見裡面的員工各司其職，手腳飛快的一直做、一直做、一直做，好幾個小時都沒停過，這要是沒有過人的精力、耐力，哪來這麼成功的生意呢？

不是「早起的鳥兒有蟲吃」，也不是「勤能補拙」

「精氣神十足」，請學提神飲料的廣告用台語發音，氣口比較好，就像做自己喜歡的工作，「歡喜做、甘願受」就不怕辛苦。可是大部分的人性都是「**怕苦畏難**」，總希望可以偷點懶，工作少一點，簡單一點。出國開個會，回來就哀聲嘆氣，說有時差，睡不好很累，爲什麼公司不能讓他們多休息一天呢？可是你要知道，我看過好幾個總經理、總裁，一下飛機立刻去公司報到，開始一整天的會議行程。你說是因爲他們成功了啊！錢領得那麼多，辛苦是應該的啊！想休息的時候自己躲起來就好，又沒人查他們的行蹤。但是他們眞的就是有那樣的身體、精神、腦力，應付時差、努力工作，年復一年。

「**早起的鳥兒有蟲吃**」？也可以是「**早起的蟲兒被鳥吃**」。現代流行三班制，早起？是早上才有得睡呢！而且爲了多領那一點錢，不能跟家人朋友好好相處，不能好好學習新知，連覺都很難睡得好，人生是黑白的。「**勤能補拙**」？老實說被釘在電子工廠的機台上，或盯在電腦螢幕上九九六勤不勤勞？勤啊！住院醫師值完班，不管那個晚上有沒有睡到覺，隔天照樣上八個小時的班，也勤啊！問題是**這樣的勤能補什麼拙**？做苦工卻賺不到多少錢而已。

以前沒有電腦跟網路的時代，很多事情眞的要勤勞，查個醫學資料要跑到圖書館，用數十本厚厚的檢索書做資料搜索，單單從架子搬上搬下，就比陶侃搬磚還辛苦。查到了需要的資料，還要到偌大的各分區找期刊，要嘛花很多錢、很多時間一頁頁影印，或者超辛苦的當場做筆記。現在則是對著電腦，用對關鍵字搜尋，一次可以瀏覽上千筆資料，假如有期刊版權，還可以直接下載內容。最主要的關鍵已經從勤勞變成懂得如何搜尋資料，判斷資訊好壞，做好的分析與判斷。**當然勤勞還是很重要，但絕對不是工作時間長就代表勤勞。簡單說，要會用腦思考之外，外加「精氣神要十足」**，不嫌累、不怕苦。

「怕苦畏難」是人基本的通性，你同意嗎？

問題是「**怕苦畏難**」比例有多少？能心甘情願、不猶豫的就志願扛下艱辛工作的人，你認爲十個人中有幾個？五？四？…我的經驗告訴我大概是兩個，一個是眞正有能力把事情做好，任勞任怨；另一個是高估自己的能耐，偏自戀的那種人格，最後把事情搞砸，變成豬隊友。

跟人性的善惡很像，看到小孩溺水，海浪洶湧，眞的奮不顧身敢跳下去跟死神搏命、捨身救人的有多少？每次演講我問聽衆這個問題時，令我訝異的是，幾乎所有的答案都是兩個，或許這代表人的潛意識中還是知道，眞正內心很善良的其實就是只有二〇%，符合人性的「二六二」原則。我也認爲十個人中頂多是兩個，一個有智慧善用工具成功達成救人的任務，另一個則是單有善心，衝動行事，最後跟著一起滅頂。

當我在藥廠上班的時候，有一次接到一個任務，是要把一些跟疼痛相關的藥物整合起來，做一個行銷計畫。這一個計畫牽涉好幾個產品，也跨了好幾個醫學專科，單單行銷經理就有好幾個，所以第一件事就是要找人負責領導這個專案。這本身就是一個困難的任務，再加上負責的人最後要直接跟總裁做報告，這才是那些經理最害怕的事，因爲據說總裁超犀利、超兇悍。

那時我是新上任一個多月的產品醫師，照說對公司最不熟，也最不懂整合行銷，完全輪不到我。當大家面露難色你看著我、我看著你（我這隻菜鳥沒人看），到最後推來推去了好一陣子，我二話不說就把這個任務扛了下來。經過了一番波折，先整合團隊的共識，再擬定五年具體的計畫，報告最後很順利。要是我不出來自告奮勇呢？

我想大概每場會議我都晾在旁邊當聽衆就好，大家對我既不熟，也不會有什麼期待。但是我相信，最後出頭負責的，恐怕將會是一個自戀型的，達克效應所說的，高估自己的技能水準，又能力差的豬隊友。到時即使呆坐在一旁忍受，也只會痛苦煎熬，更可憐。更何況，假如總裁眞的有別人說的那麼厲害，這不正是我學習的大好機會嗎？在醫院實習時，遲到五分鐘都能被教授在醫務室當大家面摔病歷，把我臭罵一頓，再慘也不過這樣吧？

就像「怕苦畏難」，「愛抱怨」也是種人性，但怎樣才能「不抱怨」，首先認清「抱怨沒有用」

我從很年輕的時候就聽過一句話：「要三十歲之前成功，就要學會不抱怨。」雖然聽起來覺得好像有點道理，但就是想不通「抱怨」跟「不會成功」之間有什麼必然的關聯，而且老實說，我也屬於有點愛抱怨的一群。

這些場景上班族們應該都蠻熟悉的，一群同事去吃飯，就有人說：「那個新來的總經理很機車ㄟ，一天到晚在公司走來走去，害我都不敢上網，又常常臨時交辦一些事情，害大家要加班。」另一群愛抽菸的同事：「公司新規定每天要待在醫院客戶那至少兩個小時，還要經理一天到晚過來巡視，現在都不能晚起、溜班。其實有業績就好了，管那麼多，待得久又不一定生意就比較好。」而國外下班之後所謂的「快樂時光（Happy Hour）」，其實也是大家相互抱怨、抒發壓力的時候，尤其是幾杯黃湯下肚之後。

當然，公司裡一定有機車的人，一定有不合理的事情，給你麻煩、讓你吃苦頭，但是請想一想，「**抱怨有什麼用？**」，除了短暫的紓解情緒外，問題還不是照常發生，還不是被「慣老闆」霸凌，被「豬隊友」嘔，除非你有本事另謀高就。所以就像之前提到的，**「唯有努力獲得成功，你才不會陷在原地打轉，在「人性」打造的地獄中受苦受罪」，抱怨只會讓你陷在原地打轉，製造負面能量，甚至成爲不受歡迎的人。**

精力的來源—不怕苦、不畏難，熱情、勇敢的迎接挑戰

GE前總裁在他的書中有一句話說得很好，什麼是你喜歡的工作？「就是你每天一起床就覺得精神奕奕，希望趕快去上班」。你可能會說：「聽他在放屁，那是他當作威作福的大老闆才會這樣，而大老闆每天都很有精神，是因爲數鈔票很快樂，給他們動力。」

但是你設身處地想一想，假如你是老闆，有兩個人的條件都相當，能力也都很好，你要從兩個人中拔擢一個當主管。那個每天看起來精神比較好，做事很有幹勁，也不會在背後怨東怨西、閒言閒語的人，雀屛中選的機率是不是比較高？

問題是：很多的時候，當你越是有精神，越是不畏艱難，越能埋頭苦幹，事情往往越是會落到你的頭上，這也是人性。換成是你，有重要事項需要下面的人去做，你會選擇什麼樣的人呢？答案很明顯不是嗎？「那個有精神、有能力，又不埋怨的」。**你越瞭解人性，其實事情應該就越清楚：「因爲你好，所以要你來做」；當你跟人性越不熟，你就會問：「爲**什麼其他人可以比我輕鬆？不公平。」

眞的不公平不是找能幹的人做事、承擔，而是放任那些「豬隊友」們當米蟲，而且努力做事的人還得不到回報

精力的背後往往需要1熱情、2體力；體力可以靠多運動、多鍛鍊，但**絕大多數身體累的時候不是因爲體力不夠，而是心累；心之所以累，是因爲熱情用錯了地方，或者得不到回報**。假如你的老闆是豬隊長，我想任誰都會無力，都會累，都會忍不住抱怨幾句。所以當你很努力的付出，勇於承擔、無怨無悔，在現實中卻會覺得只是個傻子，不僅沒有適當的回報，甚至被忌妒、被陷害。這樣久了，精氣神跟熱情都會耗盡，那就是尋求改變的時候了。改變你的老闆，甚至改變你的行業，重新打氣再出發。

累了，表示是該作選擇的時候了，不要「害怕改變、變動跟挑戰」

對於追求卓越，希望成功、賺錢的人來說，選擇常常是需要的，尤其是身處不進則退的中小企業。對於在大企業工作的人來說，往往豬隊長不會做太久，這時需要多一點的耐心，也看你對這個企業本質的信心。要是不瞭解人性，老是被人性所迷惑、在人性中挫折、對人性憤怒，一天到晚都在抱怨，你就看不出來人跟事之間的連結與因果，也就會喪失判斷的能力跟選擇的時機，離成功也就越遙遠。很多人遇到做選擇就很猶豫，擔心害怕，這其實是「害怕改變、變動跟挑戰」的本性在搞鬼，但是不好的地方耗久了，就會吃掉你的精力、你的未來。

當今趨勢也在逼著我們作改變，不改變會被淘汰

這個時代的特色是快，即使你原本的工作很順利，但是外在環境的快速變遷會逼得你不得不迎接挑戰，不管多辛苦、多困難。哈佛商業評論的一篇文章中指出，歷史上：

1. 從農業轉進工業，約用了四十多年發生；
2. 製造業機械化的時間更短，大約二十年；
3. 二〇二〇年代的自動化投資，進行得會更快，約十年。

https://www.hbrtaiwan.com/article_content_AR0007931.html

所以，年輕的一代不只是要斜槓，更要勇於迎接挑戰、勇於挑戰自己，假如再墮入「**怕苦畏難、愛抱怨**」的人性中，被機器取代也是早晚的事，到時的議題不再是成功與否，而是你要如何生存。

紀律很重要，但更重要的是「自律」

以前聽過一位寫了很多本書的精神科醫師說：「要當作家，即使你今天一點想法、靈感都沒有，還是要坐在書桌前半小時，隨手寫個幾百字都可以。因爲你不能等靈感來才動手，要是靈感一直都不來呢？是要有紀律，持之以恆每天做，最後書才會完成。」

那時我忙著精神科住院醫師的訓練，還沒開始寫什麼東西，聽了只是放在腦裡，當時對於「紀律」這兩個字，我跟大部分的人一樣都不是很喜歡，這大概也是慣常的人性「**討厭被管，不喜歡談規矩**」，我猜啦？但確實有人超級喜歡紀律，像精神醫學中的「強迫型人格疾患」，你喜歡紀律嗎？

後來我也開始寫作，從幾百字的精神醫學知識，數千字雜誌中的專文、網路專欄的論述，到最後自己寫了一本幾萬字的書，這才真正瞭解對寫書而言，那位醫師所說的「紀律」真的很重要，特別是當後面有個出版社編輯在提醒你截稿日期的時候。一本十萬字左右的書，一般希望在一年內完成，一個月差不多要寫一萬字，換算成一個禮拜，那就是要二千五百字。寫稿之前要構思組織架構，寫稿之後還要反覆的修改、潤飾，甚至整段被打槍重寫，花的時間跟力氣往往比寫的當下更多。有些日子我一天有兩個門診，那就沒辦法寫，看一個門診的日子就寫五百字，周日就寫一千字，只休息禮拜六，才能如期完成。沒有紀律，你就算可以急就章寫完一本書，但是有些東西會只是複製出來的資料，很難保持作品的品質。

以前有一次，藥廠的台灣分公司辦了一個年度旅遊，說是要慶祝達成年度目標。有一個處長向來對於這類型的活動不是很喜歡，而且它是佔用周末假日的時間來慶祝，老實說也沒什麼誠意。身爲部門主管，是不能不去的，但是屬下要請假，她就覺得隨他們的意，更何況其中一個是懷胎八個月的孕婦，舟車勞頓到花蓮也覺得沒必要。

結果是她被總經理叫去唸，說她搞不清楚紀律，沒有團隊精神，請假一律不准。總經理的個性處長也清楚，跟他講什麼道理是沒有用的，他出身於集權統治的國家，雖然在國外念過書，畢竟不知道什麼是尊重他人，不知道慶祝不能犧牲假日─屬下跟家人在一起的時間。

團體紀律的意義何在？興利或防弊？

像這一類的團體紀律，本身是沒有太大意義的，在團體工作中，紀律的意義在經由共識、防止破壞來執行任務。像有些國家很大，或者跨國的企業，這一類的團體活動是必需的，否則可能工作一輩子，都不認識平常在網路上來往密切的夥伴。但是在台灣，大家平常就常見面，只要時間沒問題，就可以「揪」在一起吃飯唱歌；淪爲大拜拜的活動，往往只是給大家酒足飯飽之餘，讓董事長、總經理接受萬「民」的歡呼擁戴，做一些口號的宣示。甚至弄到最後連喝個春酒，老闆也被福利委員會的紀律制約，角色扮演啦！唱個歌啦！好像不做就不配合。老實說，扮演「超人」、「皇帝」對公司的向心力有幫忙嗎？我不認爲，我寧可公司多點彈性、少點官僚，要慶祝業績達成就選工作日。

但是對於反社會人格、自戀型人格這些**精神病態者**，紀律非常重要，沒了紀律，他們可就爽了，壞事、慘事就會一件件發生。所以**紀律，即他律，意義是在防弊**，防止你或公司被害；跟你或公司的成功其實沒有什麼重大關聯，**成功的重點在內化的自律**。

自律的重要性在學習、提升與成長

我曾經在公司跟一位人事經理聊天，他跟我說：「我們現在雖然是在業界的龍頭公司上班，薪水好還有配車，看似風光，但是永遠不要忘記，公司之前跟我們是兩條平行線，因緣際會之下走在一起，可是誰知道哪一天又變成了平行線。所以要記得，不要所有的精力、時間都奉獻給公司，要留三〇%給自己，學習新的事物與技能。」

但是，老闆最常見的人性是──「沒人性」？其實不能一竿子打翻一船人，有很多台灣的老闆人還是很好的，只是他們一心一意都在想怎樣讓公司賺錢，認爲只要公司賺錢、成功，員工就跟著水漲船高，公司的命運就是員工的使命。可是實情是，台灣的公司很少能撐到讓員工享到福才倒，台灣的員工往往都很難表達自己的意見、很難被公司栽培，也很難不斷的學習與進步。

之前在台灣我待過一家醫學中心、兩家區域大型醫院、一家診所，以及幫一家臨床研究公司做過顧問總監；也待過日本、美國跟歐洲的製藥公司，與世界各國的人打交道。大概很少人在五十歲前做過九份工作，更何況讀完醫學院加心理學研究所，開始工作時都三十三歲了，每份工作平均不到兩年。這幾年即使自己開業，總算穩定下來了，但直到兩年前，陸續都還有獵人頭公司找上門，提供我高階的工作，討論的薪水也直逼八位數字。

你會說這怎麼可能？我也覺得不可思議，因爲我的履歷表對一般的人資主管來說應該是夢魘，最難看的那一種。一個很重要的關鍵是，我在過程中不斷的學習，因緣際會下累積很多別人沒有的經驗，也不斷迎接新的挑戰。即使是別人都認爲不可能的任務，我也戮力完成，讓自己更強大。正因爲待過、看過太多的醫院、公司，又是當高階的主管，我對於老闆的人性很清楚。更何況前後十幾年精神科的從醫生涯，我也有很多當老闆或者高階主管的病人，提供了許多他們寶貴的經驗與內心眞正的想法。

不是「人性管理」，最重要的是「管理人性」，最難的是「管理自己的人性」，也就是自律

台灣在幾十年前，企業很流行講「人性管理」，但是這一、二十年很少聽人談及；就像幾年前還在流行的「以人爲本」，現在也幾乎聽不到了。接下來的故事是我聽來的：

早年台積電有一次領導團隊會議討論公司的願景跟核心價值，會中有人提議把「以人爲本」列爲核心價值，張忠謀董事長當下說：「這個容我回去思考一下再決定。」這個「一下」據說是三個月，他的答案是：「不能對所有員工都是，只能對『志同道合』的員工，才能『以人爲本』。」這是何等睿智的想法，是對人性的善惡有一定的智慧，瞭解惡跟自私的必然。反社會人格跟自戀型人格最喜歡公司價值以人爲本了，他們會把問題推給公司，功勞歸於自己，動輒要求公司不必要的訓練、授權或福利。

人性化管理的問題也是一樣，就像「以人爲本」，都是建立在「人性本善」的前提下，你管不了反社會人格、很難管得動自戀型人格，也往往奈何不了人性的忌妒與自私、怕苦與畏難。一個好的領導者要瞭解人性，進而管理人性；而最高明的領導者則會管理自己的人性，這才是紀律的最高境界—「自律」。

從佛洛伊德的超我理論看紀律與自律

佛洛伊德認爲人的動機跟驅動力基本上有：餓、渴、睡、性等，其中性慾佔主導地位（**本我，id**）。這其實跟達爾文的進化論很接近，因爲性慾是物種延續所需要、最重要的本能。孔子說「**食色性也**」，眞的是一針見血，因爲沒有了個體的生存（食）跟物種的延續（性），人類所有的一切都將不復存在。這是人性最基本的起源，深深烙印在人類大腦的中間（丘腦），因爲搶生存，所以有競爭，會自私；因爲要延續，所以衍生出忌妒，搶地盤。

但從小我們就活在父母親的管教下，稍長之後，則是換成社會跟宗教的道德禮法，本我往往受到管制跟約束。久而久之，在大腦的神經網絡中，這些重重層層不好的經驗，包括喝斥、責罵、威脅、處罰，甚至毆打、監禁，就形成了**超我**（superego）。而在兩強之中妥協求生的，最後形成我們思考運作的部分，即**自我**（ego）。所以超我施壓給自我，來約束我們原始慾望的本我，小時候用「規矩」，進入社會叫「紀律」，難怪不受喜歡。

至於自律是什麼呢？**自律就是我們的行爲在長大跟經過歷練之後，自我反省與思考所建立，自願去遵守的準則。這些內化的超我，經過選擇、淘汰、精粹；跟本我（即生存慾望）間做良好的結合，變成了所謂的「自我實現」—完成人生目標的準則與價值**。

所以，管理人性的老闆，他的目標在滿足本我，即生存與慾望，甚至到最後因爲自大與自戀，內在的超我不復存在，變成殘酷與貪婪，像韓航董事長的家族一樣，習於霸凌屬下，甚至陌生人。

能夠管理自己人性的老闆，就會時時反省、惕勵自己，知道團體中其他分子的生存不能被忽略。知道重要的不只是個人的生存，也要尊重其他的個體，以保持種族的延續，所以，不要變成貪婪的資本家、窮兵黷武的獨裁者。

紀律可以幫助團體成功，自律可以讓你眞正快樂的工作

規矩跟紀律還是很重要的，這裡面包含了許多團體運作跟管理的必需，我們也要能克服惰性，方能在競爭中成功。很多從小被父母家長過度管教（如惡意忽略、常態體罰，甚至身心被霸凌）的小孩，他們會很討厭紀律，反抗權威，寧可做另類、異類，或者因此而活得很憂鬱。

有些人是本我太強，像反社會人格跟自戀型人格的漠視紀律，「怕苦畏難」自私者的討厭紀律。被霸凌者的超我往往太嚴厲，自我變得太弱，遵守紀律對他們來說，可能只是另一種形式的霸凌，精力被內心很多的愛恨情仇所耗盡。他們要成功，往往需要專業的幫助，像心理諮商，不是買幾本講勇氣、講技巧的書就可以克服。

我必須說：「要成功，紀律是不可缺乏的。」連詐騙集團都有很多的紀律，打電話要講些什麼，要控制音量、速度，要求越嚴格，成功得手的機會越高。

他們還集體生活、規律工作，恐怕比一般上班族還認眞、有紀律。

但紀律不會帶來自主學習，不會讓人勇於接收挑戰，更不會爲你的生命創造價值

過度的紀律也會讓你不快樂，覺得人生無趣，要是還有人不斷的提醒跟警告，甚至搬出責任來壓你，只會讓你活得很煩。所以，我們要從超我控制的本我中跳出，活出安心自在、成功又快樂的自我人生，就要培養「自律」。香港首富李嘉誠先生說：「所有優秀背後，都是苦行僧般的自律。」

什麼是自律？就是跳脫超我紀律的束縛，擺脫本我慾望的糾纏。

1. 認識自己喜歡自己：紀律是一種束縛，妨礙自我的認識與成長
2. 自由的爲自己而活：紀律是強加的標準，自律是自己的選擇
3. 選定目標奮力前行：紀律是爲了團體，自律是爲了追求自己的目標
4. 產出人生最大動能：紀律不能促進自我實現，潛能反而受到限制

用「正向」「思考」擺脫「失敗主義」與失敗的命運

「**失敗主義**」是一種信念，認定未來註定是要失敗的，所有的一切努力都會徒勞無功，進而放棄一切改變現狀的行動。就像一名學生認定考試根本不可能過關，或是告訴自己文憑無用而拒絕繼續念書，這就是「**失敗主義者**」。當一個人成爲「失敗主義者」，在未來迎接他的也就只有失敗，一切都沒有改變的可能，乾脆坐以待斃嗎？

這些負向的信念往往是沒有道理的，充滿負面情緒的。實際上很少事情眞的是山窮水盡，連一點機會都沒有，努力想想依然都有改變的契機。就像我們說的「山不轉路轉」，所以不可以輕易地做負面思考，否則你很容易成爲「失敗主義者」。

不要說「不」

當我到藥廠上班的時候，剛好是藥廠在自我提升，給醫師的訊息要非常正確，不可誇張或過度渲染，也不可以介紹非經許可的用途。在這之前，行銷部門都會用比較誇大的字眼，或者訊息超出研究的結果，基本上負責的人有時跟主修不一定是醫學或藥學。所以，我的職位有一個很重要的功能，就是負責審核這些對外行銷的東西，也就是先挑毛病。

對於一個之前幹過快十年臨床工作的醫師來說，對就是對，錯就是錯，我的醫囑就是其他醫護相關人員的命令，管好自己不犯錯就好了。但是總經理特別交代我「新制度才剛開始，行銷同仁一定會有不適應的時期，在知識跟邏輯上也沒有你清楚。你還是得務必遵守規範，但是**不要遇到錯誤，只是跟他們說「不」**。要告訴他們，措詞遣字上可以怎樣修改，是否要再增加其他研究結果的呈現，一樣可以達到他們想要的效果。行銷人員負責扛業績、處理顧客，不要讓他們覺得只有管制，卻沒有支持。」

一樣的道理，除了不要總是對人說「不」之外，也不要對自己輕易說「不」

有一次我負責申請肺癌標靶療法藥物「艾瑞莎」在肺腺癌化療失敗後的使用，那時因爲連續幾個研究的失敗，歐美國家幾乎都是在半下架的狀態，只有已經在使用且反應良好者，才可以繼續使用。其實依照台灣食藥署（FDA）偏歐美的嚴格標準，要通過許可的機會相當低，唯一可以訴求的是東方人的反應比較好，副作用比化療低太多（當然價格高很多）。

那次，我們請了公司總部主管這個藥物的癌症專家來審查會議中答辯，她在開會前沒多久，私下告訴我公司內部的評估，認爲我們獲勝的機率很小，低於三％。我想她不是想讓我們喪氣，而只是想安慰我說，輸了不用太難過。我回答她：「這不重要，我們已經努力奮鬥了快一年，妳只要仰著頭進去開會、報告，再仰著頭走出來就好了。」後來我們成功了。所以**不要說「不」**，**不要成爲「失敗主義者」**，事情就有機會成功。既然已經決定要做，那就全力以赴，不要保留，也不要爲失敗先找好退路。

「Impossible is nothing」

這個案子的成功有很多的意義，基本上改變了台灣癌症治療的一些基本想法，後來世界的趨勢也是如此，證明我們當時的努力讓台灣走在世界的前面，對總經理來說，更重要的是公司相關的獲利一年要以億計算。

隔年的亞洲區會議，因爲這個成功我們得了大獎，我上台接受公司全球副總裁的頒獎，上台致詞時，我順口講了一句：「Impossible is nothing」，比Nike後來的電視廣告還早了幾年。其實這是一種魄力的表現，也代表只要有一絲的機會，不到最後一刻絕不輕易放棄。「小於三%的機會可以成功」，正面的解讀是：比中大樂透的機會大太多了，那爲什麼不全力以赴呢？

就像一首歌說的「愛拚才會贏」，**做了就有機會，而且一定要有正向的思考**。絕對不會是「失敗主義者」的心態─所有一切的努力都會徒勞無功，之所以沒放棄行動，只因爲得要做個樣子給別人看，或者公司不允許我放棄。對「失敗主義者」，Impossible is everything，到最後很自然的就是不可避免的失敗。

正向思考代表：

1. **會戮力以赴，思考各種突破困局的可能，絕不讓負面的念頭來攪局。**
2. **絕不是硬著頭皮來蠻幹，正念不可或缺，但絕不是意念夠強就一定能成功。**

3. 所以成功不可或缺的，不只是開啓機會的正面期待，「思考力」也很重要，知道怎麼做才可以增加成功的機會。

曾經有兩本書紅極一時，可能很多人還印象深刻，一本叫《**祕密**》，一本叫《**吸引力法則**》。《祕密》的作者認爲宇宙間有一個黃金法則，可以主宰我們的人生，而這個祕密的運用有三個重要關鍵——「要求」、「相信」跟「接受」。

1. 找出自己心中想要的事物，向宇宙索取；
2. 相信自己已經擁有所想要的事物，知道它們會在你需要的時候就到來；
3. 感受自己已經擁有自己所想要的事物，身體力行。

他們強調：

「相信美好的事物和愛的力量，並透過心靈發出和諧的頻率與宇宙有所聯結，最終將你的思想變成現實。」

「你當下的思想正在創造你的未來。你最常想的、或最常把焦點放在上頭的，將會出現在你的生命中，成爲你的人生。」

所以生命周遭一切的事物，包括那些你討厭的事物，都是你自己招引來的。要專注於正面的事物、相信愛和感恩的力量，這會帶來積極向上的心態和思想，造就你不同的做事方法和不同的結果。就像「蝴蝶效應」的原理一樣，一隻蝴蝶在巴西輕拍翅膀，可以導致一個月後德克薩斯州的一場龍捲風。

眞的是這樣嗎？「相信美好的事物和愛的力量，並透過心靈發出和諧的頻率與宇宙有所聯結，最終將你的思想變成現實。」這樣夢幻、文青式的囈語，至少大家都很喜歡，也很買帳，不管是國內或國外，這兩本書都極其暢銷。至於「那些你討厭的事物，都是你自己招引來的」嗎？根據人性的二六二法則，我們身邊自然而然就有二〇%的心靈病態者，充滿無數的忌妒、自私、競爭，再低調都可能被霸凌。不用自責，也不用埋怨，很多時候事情出問題，眞的只是人性的必然。

我有一個病人是一間溫泉旅店的老闆，開幕時正是烏來溫泉旅館、湯屋大流行的時候，時常都要排隊等候，她的日子過得很好。後來她老公過世了，接著台灣觀光業整個景氣下滑，每天沒幾個客人，甚至到最後土石流把旅館大廳淹沒了。她很難過，經常在暗夜中哭泣，天快亮才能睡得著。由奢入儉難，人生往下坡滾的日子最苦，也最難調適，她一心想恢復昔日榮景。介紹她**「祕密」**＋**「吸引力法則」**？告訴她「相信美好的事物和愛的力量，並透過心靈發出和諧的頻率與宇宙有所聯結，最終將你的思想變成現實。」？

實情是我都沒說要正向思考，只是關心她這個月怎麼過的，開藥給她，叮囑她好好吃，平常多跟朋友出去。我相信人世因果、歷史循環，更相信面對眞實才是重新爬起的不二法門。兩年後她放棄了掙扎，結束旅館的營業，然後她的心情慢慢變好了，畢竟生活還可以衣食無虞，**放下、接受往往才是重獲快樂的不二法門**。所以，**一般說的正向思考，其實跟思考無關，只是保持一個正向的念頭，我稱之爲「正念」。有時這類型「愚蠢的樂觀」，反而是通往地獄的道路**。

要改變命運，不是只有正念、相信，還要「思考」跟「轉念」

單單正念是不夠的，那些賭徒不正是因爲莫名的翻盤信念而毀滅掉人生跟家人嗎？他們大概是最可悲的正向思考。除了一味相信自己，不思考如何轉念，你的人生確實不會有轉機。有一個病人，開了一家服飾店，最近幾年的生意越來越不好，她做了很多努力，甚至把騎樓下都擺滿了衣服做特賣。她相信只要夠努力，周圍的新大樓蓋好，就會帶來一些人潮，持續抱持希望。

但是，不僅東區店面空蕩蕩，就連民生社區、龍山寺地下街等昔日人潮聚集點，都逐漸出現歇業潮。這波空屋潮逐漸蔓延，饒河街夜市外圍、八德路四段一帶，竟有十多家店待出租。不是只有台北，調查台灣最知名的逢甲商圈，二〇一八年整體人潮僅一千零九十一萬人次，是統計十一年來最低，另外去年營業額僅剩八十五億元。

據經濟部統計，二〇一八年無店面零售業營業額達二千三百八十七億元，創歷史新高，年增四點八％，並已連續十一年正成長，其中佔比七成電子購物業營業額，平均每年成長七點四％，優於整體零售業一點九％。網路購物已經無比龐大，而且還持續高速成長，再加上少子化、老年化跟低薪化，消費力下降，路邊商店將會面臨無法逃避的衰退。這種**時代的轉變，不是正念可以改變的，這時需要的是靜下心來分析思考，然後「轉念」**。

就像之前提到的，二〇二〇至二〇三〇年將會是自動化大幅改變世界面貌的時代，所以年輕的一代不只是要斜槓，更要勇於迎接挑戰、勇於改變自己，更重要的是改變傳統思維的「轉念」。保持「正向」跟「思考」，還要有良好的判斷力跟彈性，而不只是「保持信念很正向」。

人性「二六二法則」，八〇%的人自我中心、利益取向，該如何處理？——逆轉勝的「說服力」

我們經常認爲「一切都可以講道理」，大家的想法應該都差不多，只有在推銷東西或談判時才需要說服力。你錯了，**人性最常的是「私心自用」，你想的往往跟別人不一樣，你要掌握那個「私心」，別人才會支持你。**

不要認爲自己講的有道理，別人就會接受、就要接受

我以前在藥廠擔任醫藥學術總監時，也負責國內外的臨床研究，而國內外的臨床研究工作性質不太一樣，需要做的事也差很多。於是我就決定仿效其他幾家公司的作法，把原本混為一組的臨床研究人員分為兩組，這樣分工比較明確，各自由一位主管帶領，事責不會重疊。

一開始氣氛就有點奇怪，好像被分為國內組的人表情不太高興，一副有口難言的樣子，只是我的決定做得很明快，理由也很充分。後來總經理為了這件事找我去談，我解釋了一番也就照樣執行，但是氣氛依然奇怪。後來我才知道，原來那些比較資淺、被分到國內組的，雖然薪水一樣，事情還比較少，但是他們希望早一天變成國際組，或者履歷上可以這樣寫，除了可以有機會出國開會，萬一跳槽，薪水也可以比較高。公司運作應該這樣嗎？當然不，這是因人設事，破壞制度，即使我說只要國際組有缺她們可以優先，但是依然有反社會人格的小主管利用她們上告總經理。

先把「溝通」做好，「說服」才是通往成功的下一步，而人性往往是最大的阻力

上面的例子清楚的說明，雖然我做了不少溝通的工作，但是輕忽了人性中的「**自私**」，或者該說「**自己的利益比制度跟道理更重要**」。我太相信「以

理服人」，卻忽略了他人的利益，所以並沒有眞的「**說服**」別人，才會遇到反作用力。假如更認眞地自我檢討，其實我連溝通都沒做好，所以要**具備說服別人的能力前，一定要很清楚什麼是溝通**。

其實不單是職場，日常生活中，尤其是親密關係，只要意見不合、心中不愉快，溝通都是最基礎的需求。首先要談的是，什麼是「溝通」？外面有很多講授溝通的課程，我在醫院上班的時候也聽過一次全院大演講，講師據說是特別請來的溝通大師。一路幽默風趣，講得倒還四平八穩，但是以精神科跟心理學雙重的專業標準來看，應付一些日常的小小麻煩還可以，可是最後就很「落漆」。他花了很多時間講：「只要心中有愛，溝通無礙」。我想在醫院工作過的人都知道，遇到心急如焚的家屬，不切實際的期待，在在都不是「心中有愛」可以解決的，尤其在急診室。

溝通需要的技巧遠遠超過大家的想像，很多的時候是因爲：

1. 我們根本不知道溝通是什麼？
2. 我們溝通的技巧眞的很不足

3. 我們不知道人性其實是溝通最重要的「點」

溝通是什麼？

怎麼可能？大家一天到晚在講的「溝通」，醫師竟然說大家根本不知道溝通是什麼？這會不會言過其詞了啊？為了避免自己「自以為是」，我特別問了兩個已經有多年心理諮商經驗的同道，問他們「溝通」的定義是什麼？

結局很「落漆」，我猜其他的精神心理同業者的答案都不會很完整，因為他們雖然每天跟個案晤談時都會善用溝通的技巧，但是鮮少人會追根究底，會努力尋找最好的定義。結果是他們自己可以跟個案做良好的溝通，但是他們卻缺乏適當的工具教會個案怎麼做溝通。

好的，請你試著寫出——

1. 什麼是溝通？
2. 生命中最好的溝通過程

3. 你覺得溝通的困難有哪些？

溝通（communication）─給予、交換彼此的訊息、想法跟情緒感受（韋伯英英大辭典）

我們平常做的往往是給予對方訊息，還有自己的想法跟感受，然後就開始講起道理、論對錯，往往忽略了對方的想法跟感受。其實想法本身的對錯很難說，如果再加上要如何去考慮對方的感受、尊重對方的情緒，溝通當然很困難。

舉個例子來說，有一個太太喜歡吃完飯後立刻把碗洗一洗，因一次把事情做完可以好好休息，這樣的想法沒什麼不對吧？可是先生覺得洗碗的聲音很吵，希望先安靜個幾十分鐘，不然會胃痛，這樣的感受也沒有錯，可是要是溝通起來，卻很容易各持己見，構成夫妻不和。是想法重要呢？還是胃痛重要呢？太太真的有用心體會對方上了一天班，吃完飯想安靜看一下電視的心情嗎？休息一下，陪著老公看一下電視、聊一下天，再一起洗碗，會不會對夫妻感情更好呢？

「堅持己見」、「自以爲是」是人類常有的天性，而這也是溝通經常失敗的原因。如何學會「不要說不」，預留彼此妥協的空間，找出雙方都可以接受的解決方案，其實才是溝通成功的不二法門。家庭如此，職場亦然。這是要「捨嗔」，不要不稱心如意就發脾氣，不理智，意氣用事；「捨執」，就是執著，人性很會執著某個事物，會認爲該是這樣、一定要那樣，這都是意念中的執著。最嚴重的問題是，你不知道此事不用這樣執著、不知道自己在這樣執著，這才是眞正的「執迷」之處。

溝通最重要的「點」不是「愛」，是「人性」

你可以不愛一個人，可是能夠做很好的溝通，就像有些生意上的對手反而變成最好的朋友。你也可以很「愛」一個人，可是你們就是無法好好的溝通，因爲你怎樣都想不通爲什麼她的衣服總是亂丟，他爲什麼花那麼多時間跟金錢打遊戲。

爲什麼對手會變朋友？因爲在討論的時候，彼此的人性都被摸得清清楚楚，最後發現其實彼此的想法都蠻一致的，做個朋友也不錯。那爲什麼「愛」通常都容易吵架，需要無盡的忍耐呢？假如「只要心中有愛，溝通無礙」，那來這麼多的情侶夫妻無法白頭偕老，甚至彼此不斷埋怨呢？因爲「愛」如果沒有耐心，「溝通」沒有方法，你只會更生氣對方不夠愛你，因爲要是眞的很愛你，爲什麼「講不聽」，「老是惹你生氣」呢？

其實溝通之所以很難，往往都是「**拒絕改變、自私忌妒**」的人性在作梗，想想你是不是會很熟悉：

「我以前就是這樣啊！襪子丟地上又不會怎樣」

「你錢賺那麼多，幹嘛還要計較每個月部門聚餐的費用？」

「你最棒、最紅了，老闆最疼妳，愛怎麼規定我們也只能接受」

溝通需要哪些訣竅？

1. **完善的準備：**溝通往往需要做一些準備的工作，不是說「我忍你很久了，今天一定要講清楚」；也不是明明要睡覺了，突然冒出一句：「我們有些事要溝通一下」；或者對方剛下班，一臉疲憊連鞋子都還沒脫好，「有件事情我要跟你說」。那樣把人嚇到睡不著，或累到想把耳朵閉起來的溝通保證失敗，甚至只會讓事情更惡化。在公司也是一樣，有些事情一定要私下講，最好是對方今天不是很累的下班前講。預定要講多久？你預想的結果會怎樣？需不需要第二次的溝通？最糟的結局會是如何？這些都要事先想好，溝通一定要謀定而後動。

2. **情緒的整理跟準備：**很多人平常講不出話來，一定要帶著些情緒才有辦法跟人溝通；有些人則是在情緒憂鬱下想找人溝通，這些都是不好的，溝通時最好把情緒的東西先拿開。你說，根據溝通的定義，不是要讓對方瞭解我的感受嗎？不要弄錯了，**溝通是冷靜的陳述自己的情緒，這個情緒背後自己的想法，以及跟對方的行爲與想法有什麼樣的關係，而不是帶著情緒來溝通，要讓對方當下感受你的憤怒與不爽。**所以，重點是怎樣清楚的表達自己的想法，並取得對方的回應與贊同。假如任何一方當下情緒出來了，可能要先暫停冷靜一下。在公司裡情緒的控制尤其重要，即使有人說什麼「開會有話就說，拍桌子也無所謂，對事不對人，出了會議室就好。」請最好不要高估人性，一旦形成芥蒂，日後溝通會非常困難。所以要先準備好自己的情緒狀態，甚至準備好不要被對方挑起自己的情緒，也先請對方可以保持心平氣和的溝通。

3. **耐心跟同理心：**耐心很重要，尤其人跟人之間的相處上，因爲人性的「自以爲是」，一旦沒耐心，很容易形成偏見與成見。一旦被偏見或成見貼上標籤，往往需要很多的努力去克服，甚至會因爲引發忌妒而被陷害。舉例來說，當年不管是蔡依林或陶子，都被說成是難搞的藝人，一來是因爲她們的高學歷，二來是因爲她們要求的標準較高，無論是工作或私底下跟工作同仁都比較格格不入。這時眞的需要有更高的耐心去溝通，付出更多的努力，並能同理那些幕後同仁常常工作時間較長、較粗重，需要更多的體諒與照顧。其實瞭解人性那些比較醜陋的點也是一種同理心，像「忌妒」就是。同理別人沒你討喜、沒你有天分，所以內心忿忿不平，那就在他們面前記得要收斂一下，或者給他們機會也可以表現一下，這也是一種無言的溝通。

職場成功溝通是基礎，更重要的是「說服」，而說服的對象雖然是人，更精準地說是「人性」，尤其是「自私好妒」

我們常常在講溝通，商業運作也常常在講談判，但溝通是建立關係跟運作原則，談判是達到設定的目標，**成功最重要的是「說服人的力量」——讓別人相信你、信服你，到最後服從你、跟隨你。**

說服的英文是persuade，最完整的定義是「用講道理，請求、勸戒去改變別人的信仰、想法或行動」。但要是可以講道理就能解決事情、讓大家開會時同意你的提案、讓老闆對你言聽計從、讓屬下對你心悅誠服，老實說這個世界會美好許多，你們大概也不用學習人性，這本書也就不用寫了。

請求？勸戒？

我先講一個跟溝通有關的故事好了。有一位老闆，他的祕書既漂亮又聰明，可是每次交代事情都一定有所遺漏，平均五件會漏兩件，讓他很困擾。首先他嘗試跟祕書講道理：「其實你平常重要的事情都處理得又快又好，但是就是會遺漏一兩件不重要的，這樣我對事情要時時追蹤，效率會受影響。有什麼問題嗎？我講話太快？公司有人不配合？」

「沒有啊！可能聽漏了，下次我會注意。」

結果好了幾天又回復原狀，老闆再次跟他說：「上次講過那件事之後，最近好像又常常漏失了一兩件我交辦的事，這樣好了，我慢慢講，你最後覆述一遍，好嗎？」

「沒問題。」祕書覆述了一遍，又快又好，只是這次五件事還是漏了一件。

這時老闆雖然有點火大了，但還是耐住性子，把上過溝通課的方法拿出來用：「我想可能我一次交代太多的事情，但是你的工作就是要能準時完成我囑咐的事，假如有困難，我都會幫忙解決，不能擱著等我發現。麻煩你拿一張紙條，把我交代的事情一一記下來，再讓我看一遍。」

祕書沒說什麼，默默把事情記在紙上，老闆看過了也都沒問題，心想花錢上課還是有用，這下應該不用再擔心了吧？！等到他要下班的時候，習慣性的整理了一下桌面，發現那張紙條留在桌角，祕書根本沒帶走。

人性往往是自私的、利己的、好妒的，說之以情，動之以理常常都會沒效

老實說，在人跟人的互動，尤其在工作上，除了嚴格的刑之以法，其他都需要很多說服人的過程。但是說服人要有特殊技巧，還要看別人買不買單。像剛剛提到的那位祕書，家裡本來就很有錢，加上外商公司剛好推動超優渥的優退，她根本不想繼續待，這時做什麼都沒用，過沒多久她也就離職了。

正因爲說服人要很有技巧，大多數人都懶得跟人性打交道，所以很多主管動不動就發脾氣、給壓力，甚至用罵的。其實很多時候正是因爲經驗告訴他們，這樣蠻幹的霸凌手段最有效、最不囉嗦。我門診中有很多病人就是遇到那種既不聰明又兇悍領導的主管，每天在辦公室戰戰兢兢、焦慮緊張，晚上就睡不好。

像這樣的高壓統治是把績效建立在屬下的痛苦上，既不同心，效率也會越來越差。歷史上最高壓的是秦朝，他們連田裡播什麼種子，比例、分量都是規定的。一旦犯了錯，很容易就會掉腦袋，所以當劉邦押解犯人時，其中有一個跑走了，當晚他就跟其他囚犯講，反正都是死，你們就跑了吧！大家乾脆就擁立他一起造反。秦朝成在峻法，壓制人性，加上獎勵殺敵，誘之重利，所以革

新效率奇高。但敗也嚴刑，這樣高壓的對待人性，沒有給人喘息的空間，反正犯錯早晚一死，所以一下子就分崩離析。

公司要長遠發展，不像強人統治個一代兩代就結束，就不能一直用兇的、用罵的。個人職場要順利，成功贏得屬下的幫忙、長官的支持，「說服力」很重要。

三個說服力的要領：

1. **說之以情不牢靠**：萬一失敗，交情沒了，甚至變成敵人。記得一件事，人性有自私的一面，這是為了個體的自我保存，搶奪食物贏的人才有東西吃。用交情去說服別人，從利益的角度或許是相互違背的，別人可能會表面上答應你，但最後往往人性的自私獲勝的機率大很多，反而因此心存芥蒂，你往後或許會受更大的傷害。

2. **盡量動之以利**，**道理只是門面**：人有時很奇怪，明明利益是最重要的考量，但是完全跟講他好處，他又「愛呷假小二」（台語發音），怕別人覺得他勢利、愛錢。所以道理還是要講，但是切記從人性的觀點，道理只是妝點的「門面」——讓做的事情名正言順，錢拿得理所當然。

3. **善用個人的魅力、培養跟隨者：**英文 charisma，意思是獨特的群眾魅力，像是美國前總統柯林頓就是很好的例子。我曾經與一個跟柯林頓開過會的藥廠高層聊天，他說柯林頓會讓在場每個人都覺得被聆聽到，意見也有被反映到結論中，到最後大家都喜歡他、佩服他。所以形象很重要，要有意見領導者的形象，能夠有影響力，培養跟隨者，就像贏得粉絲一樣。

第八章

你不知道的「壞情緒」——讓阿德勒、達爾文幫你與情緒共處，對抗職場難關

職場中最累人的，往往不是工作本身，而是情緒的負擔，處理情緒需要瞭解情緒的本質。

除了自己本身的情緒困擾之外，老闆、同事、屬下，甚至是客戶，都會在情緒上影響你、企圖控制你，最慘的是還勒索你。要擺脫情緒的枷鎖，不讓自己活在壞情緒裡，借助阿德勒的個體心理學、達爾文進化論中情緒的功能，可幫您瞭解情緒的來源跟本質。情緒不能用管理的，因爲情緒的存在有其原因，也有其功能，即使是負面情緒，所以唯有正確的認識，才能超越情

緒困擾。

在醫學系畢業二十年之後，好不容易開了第一次的同學會，大家當然要先講講近況，有一位同學介紹自己目前是某家著名中型醫院某科的主任，接下來的話就有些意外跟傷感了，「其實從大學時期，就知道跟很多同學比，我是屬於不夠聰明的，有些人也不太瞧得起我。畢業了這麼久，今天終於有這個機會，可以讓我把這二十幾年來深藏在心中的話講出來。」可以聽得出來心中長久以來很受傷，這些長期的自卑跟不快樂，也就是阿德勒心理學的來由。

阿德勒個體心理學—自卑與勇氣

阿德勒家中有六個兄弟、兩個姊妹，阿德勒排行第三。他從小患有佝僂病，沒辦法正常跑跑跳跳，也常常生病，所以時常覺得自己不如哥哥而產生自卑感。爲了克服自卑感，他努力向學，也很勇敢地參加活動，結交朋友。後來拿到維也納大學醫學博士，決定要當個救人的醫生，卻發現醫生其實對死亡無能爲力，就將重心轉移到精神病學和心理學。

他自幼對虛弱的身體感到憤怒、難過，所以強調早期的心理感受對個體發展的重要性。他認爲，「人自小就會受到無意識的自卑感與優越感支配，因而形成心理上的問題，對未來的行爲產生巨大影響」。如果不能及時藉著努力培養勇氣與自信，糾正這些不利的因素，個體將會發展成爲自卑、自私的極度個人主義，並過度迷戀權力跟財富。

這樣的例子眞的很多，像許多的富豪小時候都很窮，深感自卑就立志要賺大錢。等到眞正賺到錢後，他們的貪婪卻無法停止，過度迷戀財富讓他們蔑視對環境的污染，對社會人文缺乏責任感，變成極度的自我跟自私。雖然在現實裡，可以脫魯，但能扭轉命運的人是極少數，大多數的人每天依然活在不好的情緒中。有人藉著在職場霸凌別人來滿足自卑的自我，或者尋求小確幸來爭取自卑的小喘息，可是內心的問題解決了嗎？

曾經有一個病人來看我，她才剛升上醫學中心的教授，照說這是人生一個重大的成就，應該值得高興，但是她反而陷入了憂鬱。當上教授可能是許多人畢生的期盼，是家族的榮耀，尤其是醫學中心的教授，像柯P就講過「台大的教授很大，你們知道嗎？」

她說：「我的家人、親戚很多都是台大的教授，跟他們、還有科裡其他的教授、主任比起來，深深覺得自己的學問跟能力都不夠，每天上班都覺得壓力好大喔！抱著一種愧疚、空虛的感覺面對同事，心情很低落、只想哭。」

探究起來，她從小就覺得比不上父親、其他兄弟姊妹，甚至是親戚們。她活得非常努力、很辛苦，一點都不快樂，所以希望當成爲家族中光榮一員的時候，自卑就會消失。但是在達到目標之後，她反而看得很清楚自己的限制，知道其實對研究並不擅長，也不是眞的很聰明，面對未來是更沉重的空虛。所以問題是「成爲台大醫院的教授又如何？」又不是自認爲是天才的柯P，頭銜並不能擺脫自卑的感受，她陷入了憂鬱。

不要把情緒壓抑到潛意識，或放任情緒波動，而是面對情緒。像我門診中有不少是小時候被霸凌的患者，除了自卑之外，潛意識裡心靈的創傷也讓他們失去自我成長的動力，更不要說追求夢想的勇氣。其實傷害人的情緒無所不在，只有少數幾個幸運兒可以無憂無慮的活一輩子，所以聰明的蘇東坡才會說：「惟望吾兒愚且魯，無災無難到公卿。」

很多人在自己得到憂鬱症之前，根本不認爲這世界有什麼憂鬱症、焦慮症的病，還會丟掉家人的藥，叫他們不要去看精神科。即使到了自己深受精神疾病之苦，也會裝得一副平靜的樣子，不希望讓人知道他們心中的情緒與辛苦。甚至在潛意識中就欺騙自己，說這些只是一時失眠、自律神經失調，絲毫不想面對自己的情緒問題，遑論承認精神疾病。

當你在職場中深刻體會到自己不管多努力，就是天分不如人，會發現內心五味雜陳的自卑、忌妒、焦慮、憤怒、憂鬱嗎？你有辦法藉著對情緒的認識與瞭解，學會跟自己的情緒好好相處嗎？情緒常常是綜合交錯的，憂鬱跟焦慮經常並存；忌妒也常造成憤怒，瞭解情緒並不容易，所以請先問問自己：

1. 有哪幾種基本情緒？
2. 情緒中有幾種成分？

3. 對自己目前的情緒又瞭解多少？

認識情緒的本質，越科學越冷靜，行爲也越成熟

解剖學發現，哺乳動物大腦中有三個獨立的神經迴路，分別控制三種情緒反應：

- 產生戰鬥或逃跑反應的系統：產生恐懼或憤怒，使動物判斷迎戰或逃跑。
- 產生積極行爲的系統：產生快樂情緒，使動物樂於探索周圍的世界。
- 產生消極行爲的系統：產生過度的焦慮，使動物行爲僵硬、消極。

最近的腦部功能動態影像掃描（正式名稱叫功能性核磁共振攝影）發現，憂鬱症患者大腦的功能會下降，所以快樂、憤怒、恐懼、悲傷、焦慮這些情緒都各自有獨特的神經系統反應。這些情緒能激發出特定的行爲，而這些本能行爲和生存息息相關：如憤怒使人心跳加快、體溫上升，可以提高戰鬥力；連憂鬱都有降低進食與新陳代謝，提高冬天存活的進化功能。

有關情緒分類的理論有很多種，像中國傳統的是「喜、怒、哀、樂」，西方傳統理論則認爲，人類的基本情緒有六類：「歡喜」、「悲哀」、「恐懼」、「憤怒」、「驚喜」和「厭惡」。而目前心理學的主流則認爲有八個基本情緒，是四個情緒光譜的兩極，分別是：「歡樂」與其相反的「悲傷」，「憤怒」與其相反的「恐懼」，「信任」與其相反的「不信任」，「期待」與其相反的「驚喜」。研究發現，這八種基本情緒和神經傳遞物質的濃度高低也有關係。如憤怒是低**血清素**、高**多巴胺**、高**正腎上腺素**綜合作用產生的；興奮、感興趣的時候，血清素、多巴胺、正腎上腺素這三種神經傳遞物質的濃度都會提高；而悲傷的時候，這三種神經傳遞物質的濃度都會比較低。

所以，情緒不只是你主觀的感受，情緒的狀況跟腦內神經傳遞物質的濃度也有關，持續的情緒狀態會造成腦內神經傳遞物質的變化。所以，從現在科學研究的結果來看，情緒的生理層面（如神經傳遞物質）跟心理狀況是息

注：多巴胺與我們腦部的警醒、活力有關；正腎上腺素與我們腦部的情緒狀態，包括憂鬱、焦慮有關。

息相關，密不可分的，生理跟心理中間的因果關係還要看體質、環境，與我們的認知行為來決定。

處理情緒的第一步：不是壓抑它、不理它、放任它，而是認識與面對

我門診中有很多病人，常常講沒幾句話眼淚就掉下來，但是都說不出確切是什麼事讓他們心情不好，他們常會說：「不知道，莫名悲傷」，而我會說：「事出必有因」。有病人因爲喪父之痛，讓她每天不快樂，並且已經持續好幾年睡不著，每天任由悲傷折磨自己，旁邊愛她的人也跟著受苦。說她傷慟、憂鬱，被斷然否認就算了，還要生醫生的氣說：「我只是睡不著，你不要亂說。」

有些人則明明沒什麼事，可是就不斷的擔心健康，弄到三天兩頭跑醫院，連會有死亡可能的心導管（雖然機率很低）都非得要做做看，確認自己的胸悶不是心臟病。頭部腦波、電腦斷層都要做，確認自己的頭痛、頭暈不是因

爲長腦瘤。但就是不肯聽從建議去看精神科醫師，寧可不斷的受苦，工作老是請假，浪費時間、金錢，以及你我辛苦繳的健保，這些都是放任焦慮跟擔心的情緒在作祟。

「情緒管理」？還是「被情緒管理」？

很多人喜歡講「情緒管理」，但是人跟情緒就像夫妻一樣，彼此需要的是瞭解跟溝通，而不是誰管理誰，或者講求「管理的技巧」。情緒有點像你生活中的另一半，它不愛被管，有些事不想被你知道，更不想被你改變；重點是你往往、總是無計可施。當我們憤怒的時候，腎上腺素分泌，會心悸、想出手打人；當老闆生氣罵人的時候，我們害怕、緊張，會趕快把事情做好；當主管焦慮碎碎念的時候，我們會感到煩躁，甚至把氣出在顧客身上。

往往我們是被情緒管理的，是情緒的奴隸，不管是自己或別人的情緒

管理情緒只能應付一時的特殊事故，像屬下算錯錢，控制不要太憤怒；但是對長期情緒的問題，採用管理者的心態跟做法注定會失敗。就像「愛是恆久的忍耐，又有恩慈」，問題是這樣的愛有什麼意思，不能解決問題的態度跟做鴕鳥有什麼兩樣？

除了選擇不洽當的積極管理，因爲常常變成壓抑之外，你也可以像以下這個故事中的人物一樣，採取淡然的態度。

昔日唐朝的著名詩僧寒山問他好友拾得：「世人謗我、欺我、辱我、笑我、輕我、賤我、厭我、騙我，如何處治乎？」拾得云：「只是忍他、讓他、由他、避他、耐他、敬他、不要理他。再待幾年，你且看『他』。」

這樣放著情緒不處理很有禪意，但在現實生活裡行不通。人在職場難修行，忍他、讓他、不要理他，可能的結果會是不斷被人霸凌；允許被霸凌，其實也是自己同時在霸凌自己的情緒。所以重要的不是「壓抑」，更不是「讓他、由他、耐他」，是—「拋開那些困擾的人與事，直接面對、認識情緒的本質」。

從達爾文的進化論看「壞情緒」

我是一個奉行達爾文進化論「適者生存、不適者淘汰」的精神科醫師，相信科學與邏輯是解決問題的方式，而不是「簡愛」與「文青」。職場上也是一樣，注重創新跟切實執行的公司會存活，而套交情、耍聰明的則會被淘汰。

心理學家 Shaver Phillip 和同僚參考了早前的情緒理論加上自己的研究結果，發現：

- 負面情緒的種類超過正面情緒的種類。正面情緒數都數得出來，快樂、喜悅、滿足、爽，還有一堆的重疊，但負面情緒基本就有八種之多，還有截然不同的屬性，像恐懼與焦慮、憎恨與憤怒、自卑與忌妒、悲傷與憂鬱。
- 這其實是由進化決定的。因爲無法產生積極、正面的情緒，遠不如無法對負面事件作出反應來得嚴重；前者可能妨礙我們變得更幸福，但後者卻會危及生命。舉例來說，面臨斷糧危機，你必須產生恐懼，焦慮地尋找食物；但是糧食過多，看是你要蓋糧倉、釀酒作樂都行，對生命的存在沒重大的影響。

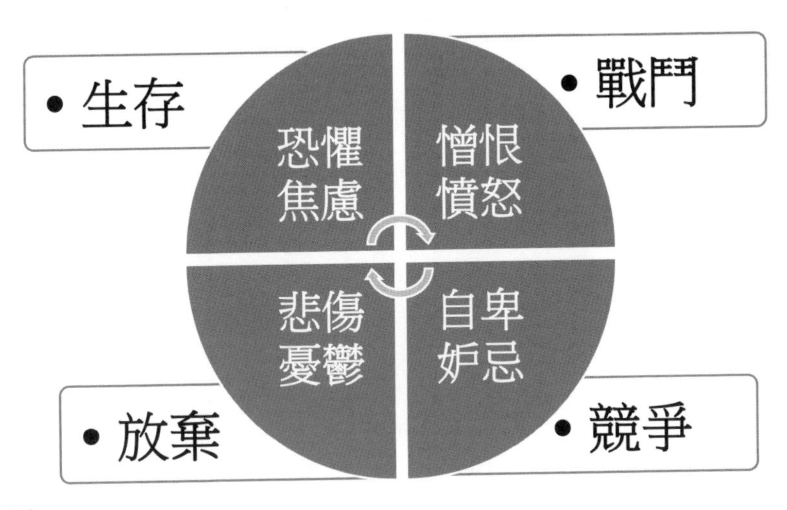

圖 8-1

資料來源：作者提供

- 負面情緒在進化層面上代表著預警，讓你即時做好準備。所以負面情緒是一種解除危機的行動信號（action signal）。正面情緒則往往是一種行動之後的報酬，所以性愛本身是一種完成種族延續的衝動，事後的快樂則是一種報酬，鼓勵下一次的性愛。

圖 8-1 是根據達爾文的進化論，「生存」、「戰鬥」、「競爭」跟「放棄」是人類生存過程中最基本的大議題，個體要生存常常必須面臨戰鬥，爲了種族延續也需要競爭；假如戰鬥或競爭

失敗了，那我們也必須要有出路—學會放棄。

當生存過程中有很多的照顧與保護，自然會產生正面的情緒，像安全感與被愛；競爭成功了就會有喜悅、歡樂。就像心理學家 Shaver Phillip 的發現，「正面情緒的種類比負面情緒少，其實影響的層面跟深度也比較少」。雖然如此，看起來應該不是問題的正面情緒，但我們卻會因爲大腦內建的回饋系統，跟多巴胺、神經迴路有關，而不斷追求快樂。

像是菸酒、藥物、賭博的成癮，還有整形成癮、購物成癮、遊戲成癮，甚至連跑馬拉松也有欲罷不能者，週末可以連著兩天都跑上一百公里，還幾乎每個禮拜跑。追求快樂成癮到一個程度就會影響健康、工作和家庭，連跑馬拉松也不例外，像膝蓋就容易出問題。追求正向情緒基本上只要遵守兩個原則：「歡樂莫貪婪」、「得意莫忘形」，甚至於成癮者還是得尋求專業協助。

以性愛成癮來說，最近有一則報導說：一對已經結婚了二十年的夫婦，除了太太的生理期，先生每天都要，弄得太太苦不堪言。還有明星賭博成癮，輸到要隱姓埋名多年，女兒怨嘆到最後都不想見面。還有一件事情是最近超夯的，我覺得有些女生簡直到了「旅行成癮」，每年不玩個兩三趟，好像會對不起自己，比不上別人。雖然都選在假期旅行，對平常的工作並不產生影響，但是一些事業上的重要思考跟決定卻被耽擱，不斷的學習也被忽略了。

最大的問題還是在如何處理負面情緒

當「生存」、「戰鬥」、「競爭」與「放棄」這幾個基本問題受到威脅跟挑戰，甚至失敗，就會產生相對應的負面情緒，跟心理學中提到的幾個基本情緒幾乎是一致的。

恐懼與焦慮

從生物個體的角度來看，生存是首務，不管你有多崇高的價值跟理想，不能生存，一切都是空談。當生存面臨威脅，我們會恐懼跟焦慮（請看圖 8-1 左上角）。恐懼跟焦慮的同時，身體會釋放腎上腺素，腦子裡負責警醒的多巴胺也會提高，緊繃我們的腦細胞跟肌肉系統；還要提升自律神經中交感神經的作用，讓血液從腸胃流到肌肉跟腦部，升高血壓及心跳，進入警戒、準備戰鬥。

在職場上，當你意識到公司營運不佳，聽到陸續有人被裁員，甚至被告知要失去工作。這時的恐懼跟焦慮會讓你心悸、胃痛、吸不到氣、煩躁易怒、緊繃頭痛，睡不著也睡不好。你的工作狀態跟人際關係都會因而變差，最嚴重的情形是多巴胺分泌過多，整個人坐立不安、手足無措，甚至腦袋一片空白。

在文明社會中，對生存的保障是基本人權，所以我們的焦慮往往多過恐懼，焦慮已經是現代人最大的文明病，也就是心身症，精神科醫師普遍認爲得到心身症的人口高達二〇％以上。

憎恨與憤怒

爲了生存，有時我們必須進入一個戰鬥的情勢，像是兩個敵對的公司，甚至是不同部門之間。要維持持續的戰鬥狀態，必須要有相對應的憎恨與憤怒（請看圖8-1右上角），這時就會提高多巴胺跟正腎上腺素，而血清素則會降低。

在職場上，要搞到你死我活的憎恨與憤怒其實並不多見，一來生存已經不是太大的問題（不包括落後及戰亂地區），二來是社會的多元化也讓生存的方式有很多選項。正因爲如此，憤怒的情緒或行爲在公司裡面會被很負面的看待，所以很多壞人就會故意激你生氣，讓你成爲被怪責的一方，這也就是ＥＱ要好的原因。

自卑與忌妒

嚴格來說，競爭的目的不是生存，而是種族跟自體基因的延續，就像之前講過雄孔雀求偶之爭。但是隨著相互競爭而來的是自卑跟忌妒（請看圖8-1左下角），它們會造成內鬥，妨礙公司裡的合作，是職場的重傷害，讓很多人活在壞情緒裡。自卑跟忌妒一開始往往會被隱藏起來，用冷漠、排擠、打小報告，甚至假裝疏忽來打擊你，讓你的工作失敗。到最後甚至演變成赤裸裸的鬥爭，像是延禧攻略、如懿傳那種宮廷裡面的內鬥，要到你死我活方才罷休。

尤其加上達克效應裡，人的天性常會不如人卻不自知，甚至自我膨脹，就會有人因此胡亂的忌妒跟競爭，亂搞一通。弄到被忌妒、被陷害的人情緒大亂，感到嚴重挫折，甚至悲傷憂鬱。即使只是自卑，不去害人，就像前面提到的那位自覺不如人、被看不起的醫師，長期壓抑悶在心裡也是內傷。

悲傷與憂鬱

最後要提到的是悲傷與憂鬱（請看圖 8-1 右下角）。憂鬱是一個腦部功能的整體下降，不管是多巴胺、正腎上腺素或血清素都會降低，而悲傷則比較是主觀上的情緒感受。在職場上，往往挫折跟悲傷常常混和在一起，尤其是你明知情勢不好、難以挽回的時候。你會覺得很累，但是你的潛意識卻會不斷地否認挫折跟悲傷，這代表的是「你不想輸」或不想放棄，最後就會關掉腦袋中的正迴路系統（簡稱 BDNF，腦內自生滋養物質，是種腦部自我維護跟增強的系統），變成憂鬱症。

這時往往會被鼓勵運用強烈的正面思考，像「想得開」、「天無絕人之路」、「堅持下去就會逢凶化吉」，去抑制對壞情緒（挫折、悲傷）的感受能力；甚至還有書鼓勵運用宇宙的正能量，堅持信念一定會成功。有些業務人員就經常會被鼓勵去上一些正能量的課程，這些課程往往有一時打氣的效果，覺得有老師加持，以爲學到新的知識。但基本的情況要是沒改善，自己的能力也沒提升，業績還是會回到當初不好的點，這時不僅更沮喪、挫折，上那些昂貴的課程更是勞民傷財。

悲傷與憂鬱不完全是壞事，所有負面情緒從達爾文主義來看，皆有進化上的功能。以癌症病人的心理過程四部曲來看：一開始是震驚；之後則是帶著很多恐懼與焦慮的否認，害怕病痛與死亡讓我們選擇拒絕去面對；接著就是憤怒，這是一種戰鬥的準備。但是你無法對癌細胞憤怒，只能恨老天爺不公平、恨醫療人員無情的告知，在最後願意接受命運之前，則必須經歷悲傷與憂鬱。

悲傷跟憂鬱基本上有讓情緒回歸平靜的能力，像是因車禍、重大事故而失去肢體、癱瘓，幾乎無可避免的都會陷入憂鬱。憂鬱是一種休息，也是一種情緒的轉折，爲了改變調整自己去面對失去，在腦子裡作的準備。悲傷則是我們同理心的一部分，作爲人類群居動物進化功能重要的一環。不會悲傷的人容易鐵血無情，沒有同理心的人也比較會霸凌別人，甚至是反社會人格的冷血殺手。就像不會焦慮的人，往往對事情不夠謹愼，是職場中的天兵天將，標準的豬隊友。

根據憂鬱症認知理論的研究，我們都是活在傻傻的樂觀裡—「過度自信偏誤」

我們很容易認爲憂鬱是很糟糕的情緒，得到憂鬱症的人是因爲心靈不夠堅強，平常想法不夠正向。現在的研究發現，主要是在壓力之下（所需壓力大小因人而異，跟遺傳體質有關、喝酒、物質濫用有關，人生早期的負面事件也有關），腦中有一個自動維持健康的系統發生故障，導致全面性腦部功能的下降。

呼應這樣的想法，早期有一個憂鬱症的認知理論認爲，有一群人他們的想法跟現實情況相比，是比較悲觀、過度負面的，所以即使遇到一樣的壓力，別人不會憂鬱，他們會。可是所有的研究到最後都發現，這樣的假設錯了，過度負面的想法不是造成憂鬱症的原因，而是憂鬱症的症狀。反而是當人不憂鬱的時候，從判斷的正確度，以機率來看，都過度正向、過度期待，我稱之爲「傻傻的樂觀」。

「輕度憂鬱往往是很好的朋友，可幫助我們做對的判斷跟決定」，尤其是需要放棄無效掙扎的時候，可以平靜地接受糟糕的狀況，改變心態跟行爲。但過度的憂鬱就是完全不理性的負面，否定任何的意義，放棄一切，包括生命，需要的是積極治療。

我們在輕微憂鬱時所認識的世界才是最眞實的，是平時「傻傻的樂觀」保護我們不憂鬱，但是也讓我們帶了一副偏向光明的有色眼鏡看世界，所以孔子說：「人無遠慮必有近憂」。過度的樂觀也妨礙了我們對自己能力不足的認識，這就是「達客效應」，甚至造成專業判斷的錯誤—「過度自信偏誤」。

其實不用正向心理學推波助瀾，研究發現在非憂鬱狀態，人對事物的判斷過度樂觀跟自信，也就是心理學的「過度自信偏誤（Overconfidence Bias）」。

心理學有一門比較冷門的科目，叫做「判斷與決定（Judgment and Decision Making）」。其中一個最令人訝異的研究發現是，向來被認爲最專業跟理智的心臟科醫師，在手術前的判斷跟信心是幾乎正向到爆表，但是手術之後的結果卻跟他們預期的相差不多。這也會發生在其他專業人士，像金融業也是重災區，往往過度的自信跟樂觀，如在數年前法國的興業銀行有一名業務，就曾虧掉公司幾十億的歐元。

這種專業人士的過度自信跟所謂的達克效應不同；達克效應指的是非專業，

對事情不夠認識的人往往會高估自己的能力，像是我們會講的井底之蛙；但是在經過一段較長的時間學習後，就會知道事情不像他們當初想的一樣容易。達克效應中一開始對自己能力的高估也是一種「過度自信偏誤」，所以不管是專業人士，或一般人，基本上都活在一個過度自信的狀態中，而這個自信往往也是造成失敗，並在最後成為導致憂鬱的原因。像絕大多數的創業會以失敗收場，以美國爲例，每年有逾百萬人創辦各種事業，統計顯示，截至第一年年底，至少有四〇%的企業會歇業；五年之內，其中的八〇%以上（八〇萬家）會倒閉。

在職場中表現不好，事業不順利，這幾乎是每個人在職場上都會遇到的事，不要認爲只要看了某一本別人推薦的書、上了某一個大師的課程，就能解決所有的問題，這也是一種「過度自信偏誤」。面對挫折跟可能的失敗，首先要排除過度的自信或焦慮，接下來是允許自己帶著一點「憂鬱」的心情，務實的省視自己的能力跟外在的處境，才能根據現實狀況做好調整跟改變。

處理情緒的第二步：瞭解影響情緒的因素，過分樂觀與失控的正向思考會妨礙了對情緒的認識

真正妨礙了我們對情緒正確認知的，芭芭拉．艾倫瑞克（Barbara Ehrenreich），洛克菲勒大學細胞生物學博士所著的《失控的正向思考》就指出，像美國人向來極爲強調正向思考、樂觀情緒，卻忽略了對負面情緒的認識，甚至抑制負面情緒的表達，連蘇俄詩人都說美國人的問題是「從來不懂得什麼是受苦」，但是現在全球抗憂鬱藥物的市場，美國卻佔了三分之二。

美國在初始的清教徒文化中，憂鬱是某種不能說的禁忌。當一個家庭主婦常常說自己憂鬱時，就會被塞給一隻掃把或拖把，叫她努力打掃就不會憂鬱了（其實二十世紀的台灣也很像，老年人都用身體的疼痛不適來表達憂鬱）。這埋下了後來正向心理學成了美國顯學的種子，解決壞情緒就是要教人樂觀、正向思考，是價值數百億美金的大行業。

所以，當美國人跟你打招呼：「How are you doing?」，別傻傻地講自己今天心情不好、訴苦，要回答我很好「I am great.」，然後講一個最近熱門、有趣的事，你才是有人緣的「自己人」。但是正向心理學要是這麼有效，校園霸凌、毒品氾濫、酒精成癮、暴力犯罪就不應該依然是美國難以改善的社會問題了！

性別跟文化的因素也會影響情緒的認識、表達，甚至造成輕生

像男性對情緒跟精神疾病都抱持著負面的態度，所以說ㄍㄧㄥ，不會流淚，也不會求助。向來各國的研究都發現：

- 但是男性死於自殺的人數卻是女性的二至三倍（中國例外，兩性眞正得到平等，死的比例差不多）。
- 女性試圖輕生的次數是男性的三倍。
- 女性得憂鬱症的機會是男性的一倍。

一個最重要的因素就是剛剛提到的性別，男性不願意認識情緒，盡量給它ㄍㄧㄥ下去，把負面情緒當作沒面子的事，當作恥辱，連輕生都非得要成功才行。研究都顯示，男性的輕生跟不願承認精神疾病、不願就醫有著極大的關係。很多案例都發現男性的潛意識中，覺得沮喪、憂鬱是代表自己不夠堅強，乾脆就否認自己不好的情緒。但是當憂鬱症眞的找上門，男性往往第一次的憂鬱就以ㄍㄧㄥ、不求助、輕生收場。所以認識負面情緒、必要時尋求專業諮商很重要，這是學習自我瞭解跟踏出求助的第一步。

文化因素也是，「思覺失調症的病人在日本要是發病住院，一般要多久？」「一至兩年。」幾年前，台灣的一群精神科醫師去日本交流，有人就問日本的醫師這個問題，結果答案嚇壞了大家，因爲台灣是一至兩個月。爲什麼差了十倍以上？因爲日本人覺得家人得了精神病是一種恥辱，要嘛不想接病患出院，要嘛就養在家中讓病情惡化。有很多非常離奇的謀殺案，包括日本退休外交官殺死自己繭居的兒子、到校園去濫殺無辜幼兒、殺人之後還把肉跟內臟冰起來吃之類的，就很可能跟精神疾病有關。

在這個文化背景中，由於個人自尊心跟家族的名譽，憂鬱等負面情緒會被否認跟壓抑，因爲憂鬱被認爲是心靈軟弱的象徵。抗憂鬱藥的使用量在全世界開發中國家中，日本是最低的，但他們的自殺率卻是最高的，一直到這幾年才被韓國超車（相同好強的社會文化特質，卻有太多際遇更悲慘的下流老人）。

台灣這幾年來也有許多職場上的輕生事件，主角清一色都是高階男性主管，拒絕或不曾就醫是共同的一種情況。根據一些人資部門主管的經驗，遇到這樣的同事，往往只能安慰，卻束手無策，看是要離職，還是不幸先輕生。

瞭解「情緒」不僅是一種感受，更是一種能量

下面是幾項負面情緒代表的行動信號（action signal，促使採取對策跟行動）：

1. 恐懼：提高神經系統的靈敏度，提高對潛在問題的警覺性。它使我們獲得原本潛藏的信息、迅速反應，必要下選擇逃跑。
2. 焦慮：把注意力集中在一個就要發生，但後果令我們擔心的事情上，爲我們提供持續警戒的能量。
3. 憤怒：用來幫助我們作出反應並採取行動，可使我們能夠克服那些原本不可踰越的障礙和困難。
4. 忌妒：用來幫助我們對付視爲競爭者的對手，集中我們的注意力，必要時驅策採取戰鬥或攻擊。
5. 悲傷：一種能促進深沉思考的反應，能更好的從失去中取得智慧，從而更珍惜目前所擁有的。

從上面這些情緒的功能中，我們可以看出，每個負面情緒其實都有它們對人類生存的貢獻，是一種促使採取行動的推動力，也就是我們會說的「能量」。除了悲傷之外，不管是恐懼、憤怒，其實都蘊藏了極高的「能量」。下面的圖8-2是用圖表跟顏色示意各種情緒代表的能量強度，參照幾個外國研究的綜合結果，但因文化上的差異，僅提供作爲參考。

什麼是負面能量？其實就是負面情緒

要清楚的定義「負能量」不是一件容易的事。我用盡方法搜尋了一百六十項中文裡跟負能量攸關的訊息與定義，英文搜尋了接近兩百項，找到了一個還算適合的定義：

「負面能量是當你跟一些特定人相處的感受，這些感受會讓你心情低落，渾身不自在。絕大多數的人會試著去逃避這種負面能量，藉著不理會、躲開那些引起不愉快、對他粗魯的人。」

這是一種操作式定義，並不是直接告訴你負面能量是什麼，而是告訴我們，

情緒	強度
狂喜	+6
高興、被愛	+5
有趣、好玩	+4
快樂、喜悅	+3
滿意、信心	+2
平靜、和諧	+1
沒特殊心情、安心	0
無聊、不耐	-1
不樂觀、懷疑	-2
挫折、煩躁	-3
擔心、被責怪	-4
害怕、內疚	-5
恨意、忌妒	-6
憂鬱、憤怒	-7
無望、虛無	-8

圖 8-2：各種情緒的能量強度

* 虛無代表覺得一切都沒有意義、活著沒有意思，否定一切價值。

資料來源：作者提供

當你跟某些人相處時要是怎樣都不舒服，心情好不起來，不管是不悅、生氣、挫折，覺得能量被耗損、變煩、變累，表示這個人帶給你的就是「負面能量」。

負面能量一般來說包含了四個部分：

1. 負面的想法
2. 消極的態度
3. 抱怨與反抗
4. 負面的情緒

但是仔細地探究，抱怨與反抗其實都來自負面情緒，像上面提到的恐懼、焦慮、憤怒或忌妒。而之所以有消極的態度跟負面的想法，往往也都是負面的情緒在搞鬼，像是挫折、擔心、悲傷，所以我們可以簡單地說，「負面能量就是負面情緒」。

案例：

有一個病人是運輸業負責調度跟客服的資深人員，她數年來除了有嚴重的失眠問題之外，每天過著緊繃、緊張、憤怒跟憂鬱的生活。我第一次在門診看到她的時候，她吃的藥很多，單單睡前就將近十顆，她依然憂鬱、焦慮，辛苦的工作、生活著。雖然現在的藥物很安全，長期使用也沒有證據顯示眞正的危險，什麼失智、沒辦法停藥都是迷思，或者醫師下錯了診斷，用錯了藥。但是除非不得已，我是討厭用很多藥的醫師，畢竟還是有些報告指出，抗憂鬱藥過多可能導致輕微躁症，抗思覺失調的藥劑太高對血糖也不好，就花了些時間跟她討論減藥的可能性。

首先澄清工作、生活中的壓力跟情緒，結果只發現一個超級困擾的問題—她的直屬主管。據說他的能力不好，每個決策幾乎都有問題，會製造下屬跟客戶的困擾。但是他很堅持，不會接受別人的建議，還每天都帶著怒氣上班，誰碰到他就會被念，甚至被當衆不留情面的臭罵一頓。即使問題好好的被解決了，他還是會罵人，因爲他覺得沒有「完全」照他的交代去做。

不管我怎麼努力幫忙，她都減不了藥，上班前先塞給自己一顆鎮定劑，上班中看情況再吃個兩三次。回家呢？有兩個小孩要照顧，只能滿懷怨氣跟憤怒先吃個抗憂鬱藥加顆抗焦慮藥撐到忙完家事。睡前腦子裡都是委屈、被羞辱的畫面，沒來上幾顆安眠藥怎麼睡得著。遇到一個是宇宙無敵大黑洞、負能量大魔王的主管，抗憂鬱藥物只好一顆變三顆，不然就亂哭、想死。直到有一天，她終於如願調了新單位，都不用我做什麼，所有的藥立刻減掉一半以上。

當你再回頭看：「負面能量是當你跟一些特定人相處的感受，這些感受會讓你心情低落，渾身不自在。絕大多數的人會試著去逃避這種負面能量，藉著不理會、躲開那些引起不愉快、對他粗魯的人。」我想你應該可以很快抓到負能量到底是什麼，並且發現它的來源，身邊有誰是負能量大魔王。再看看圖8-3，你可以用來檢視自己的負面情緒有哪些？強度有多少？

這個病人可以找到：不耐-1，挫折-3，煩躁-3，擔心-4，被責怪-4，害怕-5，恨意-6，憤怒-7，憂鬱-7。難怪她的情況如此的糟糕，還好她一直保持希望，調職成功，不然負面能量真的要破錶，是輕生的高危險群。

圖 8-3：各種負面情緒的能量強度

資料來源：作者提供

情緒的負面能量遠超過物理學的規律與我們的想像，不要被「杏仁核」綁架

能量的特性—守恆與流動

「能量守恆定律」，在所有能量轉換的過程中，總能量保持不變，能量是在各系統間做轉移，所以當某個系統損失能量，必定會有另一個系統得到這損失的能量，導致失去和獲得達成平衡。

另一個基本原理是，能量被視為某一個物理系統對其他的物理系統做功的能力。一個系統可能藉由碰撞轉移能量，而這種情況下被碰撞的物體會在一段距離內受力並獲得運動的能量，稱爲動能。能量不會無中生有，或無故消失。

情緒產生的負能量，遠遠超出了物理學的「能量守恆定律」

- 負面能量的產生往往是瞬間、立即，只需要外界的訊號，甚至只是腦內一個突發的念頭，就可以藉著少量的神經化學物質產生鉅大的破壞力量。就像你在野外看到一隻老虎，從視覺神經的成像，到記憶中樞的瞬間辨識，讓身體自動進入緊急狀態，腦中主要負責的部位是如圖 8-4 中兩個小小的

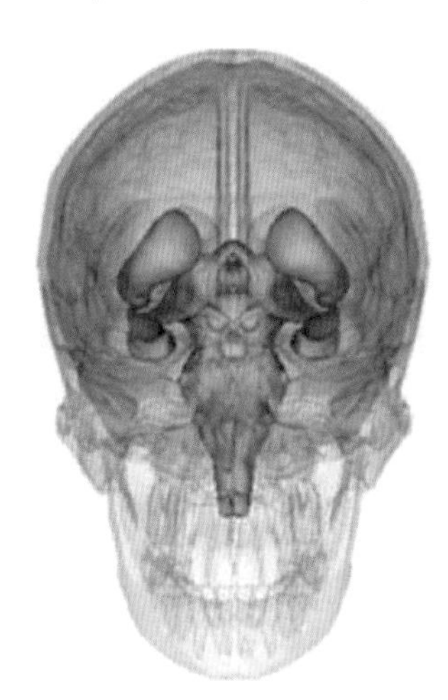

圖 8-4：杏仁核的解剖位置

資料來源：作者提供

紅色部位，叫杏仁核。

杏仁核是恐懼的應變中樞，會發出許多訊號，其中一組訊號會促使一些大腦化學物質分泌的改變，如大量的多巴胺、正腎上腺素，還有可體松等荷爾蒙急速上升。這時最重要的是腎上腺素的立即分泌，它會讓你的血液充滿腦部感官系統、戰鬥系統，使肌肉緊繃，做好逃跑跟應戰的準備。

在職場，腦內最大的風暴是「憤怒」；「憤怒」的應變中樞也是杏仁核，它會做好更進一步升高衝突的準備。像是金融風暴發生時，假如因爲你的同事下單慢了幾秒，造成數以億計的損失，那怒氣將是一發不可收拾，恨意更可能延續一輩子。又如當你即將接任總經理，同事們的恭賀聲不絕於耳，並都準備好慶祝派對，突然間董事長決定空降他的兒子來接任。你憤怒的負面能量將會非常的巨大，恨不得摔壞辦公室所有的東西。

- 負面能量是可以傳染跟傳遞的，但並不會因爲被傳遞就消失，抱怨、倒垃圾只是製造更多負面能量。我們常常以爲抱怨跟被傾聽可以削減負能量，讓心情好一點，但結果往往是負面能量更爲強大、心情更不好，甚至讓聽你抱怨的人跟著心情也不好。

我的病人中有很多是電話的客服或銷售人員，他們一整天的工作幾乎就是接受客人的抱怨，或被粗魯的拒絕，一整天下來往往感受到的不是負面情緒，而是又累又挫折的負面能量。也有一些是專門處理問題家庭的志工，常常聽到一次又一次的抱怨，卻沒有幫助解決問題的能力，聽來的、加上自己有心卻無能爲力的負面能量不斷累積，甚至會變成憂鬱症。這有一個名詞叫做「情緒勞動」，在工作上要付出或負擔過度的情緒，像醫護人員也是，讓自己吸收過多的負面能量，一開始是失眠、緊繃，最後是心悸、恐慌，甚至憂鬱。

根據心理學的調查，在兒童期如果遭遇負面事件，像父母親離婚；或者母親本身有憂鬱症，長大之後憂鬱症的比率會大幅的上升，這就是很好的例子。說明長期生活在負面能量之中，對腦部細胞的健康是會造成損害的。

- 我們往往不知道已經充滿了負面能量，不知道自己無形中在傳遞負面能量，也不知道體力跟精神如何被負面能量所耗損。我們會感受到某個同事或家人充滿了負面能量，但是卻無力化解，只能遠遠避開。

像之前提到那個歐斯底里的主管，他在自己的生活跟工作中就是充滿了負面能量，也無時無刻在傳導負面能量。可是他的屬下每次上班都無從逃避，不僅必須承受主管的憤怒、責罵，回家還必須hold住，努力不把負面能量傳給家人，只好靠藥物解決腦子裡面不平衡的神經傳導物質，鎮定自己的腦細胞。

有些公司本身就充滿了焦慮，我稱之爲焦慮的文化，反映的是領導人性極易怒的腦部特質。像我有一個病人是在一個超大的集團公司上班，據說那個眉間兩道超深紋路的董事長尚未退休前，每個一級主管都得了胃潰瘍，因爲董事長特別喜歡在他們開完會用餐時打電話交代事情。那個病人告訴我，只要在工作時停下來五分鐘，就會覺得同事的眼光從四面八方射過來，好像在說怎麼可以休息？焦慮也是會傳染的，假如你的老鬧一天到晚沒笑容，一件事要講上好幾遍，半夜還要用網路軟體交代事情，甚至老是亂罵人，你一樣會跟著焦慮緊張。

過度的緊張跟焦慮會引起失眠、疲倦、煩躁，以及自律神經失調，不僅造成效率跟生產力的下降，間接也影響無數個家庭的生活品質。負面能量最後會像黑洞，貪婪地耗損掉每一份善意的正面能量，同時把附近的人都灌予負面能量，造成緊張的人際關係。什麼工作是興趣、要樂在其中，沒有正面能量加持的公司文化，只有煩跟累，其他都是空談。

如何與壞情緒好好相處

其實壞情緒有個最大的問題，就是壞能量難以排除，更無法轉移，尤其職場中往往壞情緒都不是短期性的。處理自己的壞情緒難，處理別人的壞情緒，化解外來的負能量更難。

- 歸因理論跟負能量控管：我們常常生氣、恐懼，大部分會認為是外來的因素造成，這就是心理學的外在歸因理論，鮮少有人會認爲問題來自於自己本身。其實有很多的因素是來自於自己，有可能是你的忌妒、自卑才是你壞情緒的來源，不見得是其他同事做錯什麼。一旦認爲壞事都是外在的環境跟人事所造成，而這個外在因素無法克服，那你就一直跳不出壞情緒。所以正確的歸因，找出根源是第一要務，尤其是內在的根源。

即使是因爲大環境變差、某人很惡劣，所以我擔心、生氣，但是跟壞情緒不同，負能量是可以控管的。舉例來說，只有那個同事影響到我才生氣，這時學會如何說不，甚至還擊就好，不需要抱怨，或者遷怒周遭的無辜者，否則一旦形成負能量的傳遞或自我孳生，那將毀掉一整天、毀掉所有的關係。

- 不要認爲情緒是壞東西，確認它存在的意義：如同前面提到的，壞情緒的存在都有其進化上的意義，是幫助我們應付變化的行動訊號。它們都不是壞東西，是你的不快樂、又煩又累，負能量才是壞東西。

擔心、害怕沒關係，要找出對策，就像這個快速變遷的時代，很多人擔心自己中年離職，事實上在門診已經開始出現五十至五十五歲「被」離職的病患。擔心沒有用，年輕一點的建立第二專長，思考斜槓職涯；稍大的學習財務規劃，尋找非全職的工作機會才是擔心的功能。

無法適應公司文化的挫折跟憤怒也是，受不了自戀型主管的霸凌也是，變更不是壞事，憤怒就是變更的行動訊號。就像年輕的雄獅無法跟獅王鬥爭，就是得離開獅群，尋找自己的出路。但是人類不同於動物競爭的你死我活，我們可以做好計畫、徵詢意見、建立人脈，為下一步預做準備。忌諱的是負氣離職、憂鬱到無法工作，甚至委屈的被離職。

- 建立安全感，安心自在：首先用圖 8-5 幫自己這一陣子以來的能量打分數，多久一陣子，半年吧！假如生活基本上是穩定的，你可以加成自己的分數，比如說每天無時無刻都活在對同事的憎恨中，或許恨意 -6 可以乘以 1.2，但不宜過度，因為分數基本上已經是調整過的能量強度。

圖 8-5 的用意在讓你用系統化的方式回顧自己的負面情緒，瞭解它的能量強度。最後可以寫出你的對象是誰，還有可以採行的對策，不要一成不變悶

	對象	原因	對策
狂喜 +6			
高興、被愛 +5			
有趣、好玩 +4			
快樂、喜悅 +3			
滿意、信心 +2			
平靜、和諧 +1			
沒特殊心情、安心 0			
無聊、不耐 -1			
不樂觀、懷疑 -2			
挫折、煩躁 -3			
擔心、被責怪 -4			
害怕、內疚 -5			
恨意、忌妒 -6			
憂鬱、憤怒 -7			
無望、虛無 -8			

圖 8-5：檢視自己的負面情緒

資料來源：作者提供

在自己的小世界裡跟情緒奮鬥，走出去問一些有人生智慧的看法，嘗試一些可能會讓你喜悅的活動，原則上在大多數時間裡維持在零到三是最好的，不要追求太高分喔！一個是避免樂極生悲，另外一個是「人生中大喜，也往往必有大悲」，安心自在是最能長久的。

記得達爾文主義，生存是最基本的，物質層面上不要貪婪是好，但活得有安全感很重要。安全感要建立職場上自己的價值，也就是「專業的貢獻度」、「待人處事的正向態度」，這是我們人生一開始的目標，所有情緒最後的堡壘。

第九章

做職場情緒的主人

職場霸凌不是訴諸暴力，靠的其實都是情緒困擾，幾乎所有的職場霸凌都是精神上的，用負面情緒對付你。

讓你活在焦慮、恐懼裡；讓你活在被漠視、孤立裡；

讓你活在被討厭、埋怨裡；讓你活在屈辱、憤怒裡。

擺脫壞情緒，找回正能量，除了像上述所說瞭解別人的陷阱，並找出解決之道外，還有些壞情緒是來自周遭的氛圍。最重要的兩個問題是：別人會把壞情緒帶給你嗎？你的公司、團體、家人經常處在負面情緒中嗎？最後一個問題則是：你自己才是風暴的起點？你讓自己「沉溺」壞情緒嗎？

首先，讓我們有系統的檢視職場中負面情緒的來源。

- 「情緒勞動」：工作性質本身就要求情緒的付出與承受；
- 來自主管的霸凌：最常見是主管「自戀型人格」的個性、「反社會人格」的操弄，以及「焦慮體質」同僚帶給你的焦慮與憤怒；
- 「情緒陷阱」：來自同事的排擠或競爭，不管因爲忌妒或自卑，想盡辦法讓你陷入壞情緒，耗損你的熱情，降低你的競爭力，用情緒打敗你；
- 壞情緒的氛圍形成負面能量的影響：身陷別人的能量風暴中，或者你自己就是風暴的發動者。

認識「情緒勞動」－控制情緒表達只是做情緒的奴隸，改變內心的認知與感受才是做情緒的主人

「情緒勞動」，最初指那些對員工的面部表情跟情緒有特殊要求的職業，比如：空姐要「付出熱情」、「超甜美微笑」；醫護人員要「付出關心」、「付

出無限愛心」；電話客服要「付出耐心」、「承受任何怨怒」。

心理學家達徹・肯特納（Dacher Keltner）和麗安・哈克（LeeAnne Harker）教授，把某一女子大學畢業照上的笑容，按照肌肉特徵分爲「泛美式微笑」和「眞正的微笑」。「泛美式微笑」是指如同泛美航空公司空姐一般職業性的笑容，又叫做「應酬式的微笑」；而「眞正的微笑」是指從內心發出的、眞誠的微笑。隨後他們研究這些女性長達半個世紀的人生經歷，結果發現：能夠展現「眞正的微笑」的人，更能獲得並維持滿意的婚姻。

「應酬式的微笑」，提供有利的社交工具，隱藏內心的感覺而不被識破。「眞正的微笑」則是一種自然流露，跟前者涉及的臉部肌肉群是不相同的。這兩種完全不同的微笑是杜胥內，法國解剖學家發現的，所以自然產生的微笑又叫作「杜胥內微笑（Duchenne Smile）」。

之後的研究更發現，其與腦部的神經迴路有關。「應酬式的微笑」，是由「意識的腦」（右大腦的腦前葉）發出啓動訊息，「眞正的微笑」則應該是由腦部中央的邊緣系統（主管情緒）所傳送出來的。神經迴路，代表一個行爲、慣性或者思考，它們從腦中某個位置啓動，接受不同的回饋，最後產生不同的行爲。舉個例子來說，有一條特殊的神經迴路叫「新鮮好奇迴路（Novelty Seeking Neural Network）」。擁有這種迴路的人，簡單講叫做「喜新厭舊」，喜歡嚐盡佳釀美食，常是物質濫用者、愛情劈腿者，但也是創新、創業者。

「泛美式微笑」必須靠你努力裝出來，所以是一種高成本的情緒勞動；而「杜胥內微笑」是自然而然的，幾乎不需努力的情緒勞動。重複、高成本的「情緒勞動」會不斷消耗自己有限的幸福感，日積月累形成壞能量，最終壓垮了我們眞正的快樂。

有些人一開始很有熱情，情緒跟能量都很正面，但是如果被過度規定要產生「不眞實的微笑」、「虛委的態度」，熱情會變質成假裝，「情緒勞動」的成本會越來越高。像有些航空公司、醫院、餐廳、銀行，過度要求員工臉上的笑容，要求無限順應顧客，其實是讓員工成爲「情緒勞動」的奴隸。尤其是每次跟客人互動都要鞠躬那套，熱情燃燒殆盡後，負面能量即取而代之。

另外，像之前升爲教授卻反而憂鬱的那個案例，她其實對醫學跟研究的動力來源是自卑，如果有些許對病人、科學的熱情，也不是眞誠的發自內心，那做醫師、升教授對她而言，反而是高到無以負荷的「情緒勞動」。

那你會說，照這樣來看，精神科醫師、心理治療者的「情緒勞動」是最高的，那他們快樂嗎？會不會自己也得憂鬱症呀？實際上，我們在工作中會將注意力放在如何幫助病人，提供專業的服務，「同理心」不是「情緒勞動」。但也確實有些精神科醫師習慣要給病人溫暖的感覺，付出太多的微笑與溫柔，那眞的是很費心力的「情緒勞動」。根據以前的研究，女性精神科醫師在自殺率上有較高的趨勢，是個値得注意的議題。

注意工作本身所帶來的「情緒勞動」，或者更適切地講，「情緒付出」很重要。最好你的微笑跟服務是發自內心、不勉強的，工作上的互動是愉快的，付出的專業能力也是足夠的。有些時候我們在醫院會開玩笑說，醫師的醫術越高明臉就越臭，醫術越不好就越會微笑，所以柯文哲市長有次開玩笑說：「台大醫院的服務不好，病人都看不完了，要是態度更好那還得了。」

不要員工上班時，無時無刻都在要求「情緒付出」，每天長時間控制情緒，做情緒的奴隸是很可怕的。服務適當就好，改變內在「眞心待人」的認知與感受，能夠享受與顧客的互動，才是做情緒的主人，而只有那「杜胥內微笑」才能眞正打動人心，贏得別人的喜歡。眞心而賞心悅目的微笑是職場上、生活上無敵的武器，也是讓自己保持喜悅、熱情的祕訣，要找到那個「杜胥內微笑」的神經迴路，並不斷練習喔！

「宣洩」有用嗎？「接納」呢？

大家都會說，壓力、不快樂，就要「宣洩」啊！像去KTV唱到「燒聲」、到一百元快炒無限暢飲，似乎是台灣最常見紓壓、宣洩情緒的方式。不過，科學研究是否支持這種說法呢？

佛洛伊德定義了「宣洩（Catharsis）」的概念，認爲「將內心壓抑的經驗，透過具體行動釋放出來」，對人的身心健康有幫助。以「生氣」爲例，如果持續累積怒氣，可能就像氣球一直打氣一樣，長期壓抑的後果就是早晚爆炸。所以如何學習「適當」地表達自己的憤怒、不滿，才能反轉壓抑情緒的不利影響。

後來相關的研究發現：「宣洩」怒氣反而會讓一個人「更容易」有這樣的情緒。他們發給沒有攻擊性的小孩玩具（如槍械、刀子等暴力玩具），鼓勵他們在實驗室踢傢俱、破壞環境等。之後，追蹤這群小孩在家的行爲，發現他們確實比較「不壓抑」了。不過，他們不壓抑的方法是增加攻擊行爲，甚至比之前還要有敵意和攻擊性。攻擊變成「宣洩」的方法是糟糕的，正如同不斷的抱怨，處處跟人唱反調，甚至暗中搞破壞，這些短暫的「宣洩」之後，只會讓負面能量更增加、散布得更廣。

台灣的研究發現，在工作時對同事展現怒氣之後，憤怒情緒不減反增。同時，除了處理憤怒的餘波之外，當事人還會變得憂心忡忡，一直回想自己剛剛犯的「錯事」，反而要花更多力氣去修補衝動造成的後果。簡單說，負面能量不會因傳遞而消失，甚至因爲出現反作用力而更增加。去KTV唱到「燒聲」，到一百元快炒無限暢飲，其實那不是「宣洩」啦！那是快樂的行爲，創造正向的能量。

職場上「包容」與「接納」往往造成姑息、加劇被霸凌，以及惡化負能量

不壓抑、不宣洩，那「包容」與「接納」呢？其實，我們經常搞錯了重點，因爲當假設人性本善時，認爲讓我們心情不好、憤怒的人都不是惡意的、是該被原諒的，所以「包容」跟「接納」才有意義，但萬一他們是故意的呢？依照研究的結果，人性的二六二原則，惡意的人至少佔二〇％，爲了利益會出賣你的另外還有六〇％，這是要怎麼「包容」跟「接納」啊？

「接納」往往被解讀爲「沒關係」、「請繼續」；而「包容」則被解釋爲「底線還沒到」、「我們應該變本加厲看看」。所以你就先要知道，到底對方是什麼樣的人，背後有什麼樣的居心或動機，你中了什麼「邪」，才知道要「接納」、「包容」的是什麼？還是根本不該「接納」、「包容」，而是要抗議，甚至是反擊。

如同引言所提出的，職場霸凌不是訴諸暴力（當然有些國家還有，即使是已開發國家如韓國、日本），靠的其實都是情緒困擾，幾乎所有的職場霸凌都是精神上的，用負面情緒對付你。如果將壞情緒加諸在你身上，讓你的情緒變壞是對付你的招式，那麼「接納」不是姑息，「包容」不是鼓勵？讓情況更惡化，讓你成爲別人情緒霸凌的奴隸嗎？

擺脫別人的情緒霸凌，做自己情緒的主人

認識別人「希望」讓你活在什麼樣的負面情緒裡？這背後動機到底是什麼？該用什麼方法可以處理自己的壞情緒、反擊霸凌？你才能眞正做自己情緒的主人。常見情緒霸凌有四種方式：

讓你活在焦慮、恐懼裡

最常見的受害者是業務人員，往往公司都會訂一個讓業務們覺得有困難的目標，然後在年度開始的時候告訴你，公司會投入什麼樣的資源，新的產品多有競爭力之類的。但是，1老闆講的不一定會實現；2即使這樣，那常

常也要依賴景氣好，或者有用力捧你場的貴人。很多病人會問我：「公司為什麼要為難他們？讓他們過得很緊張、很痛苦，要靠吃藥才能睡覺呢？」

其實這沒什麼奇怪的，公司本來就是要靠著業務的拼命銷售，盈利才會成長、才會「賺大錢」。只是老闆背後眞正的想法是「挑戰」或「壓榨」的差別而已，「善」與「惡」的界線，有時只在「業績設定多個五％或一〇％的差距裡」。業績多五％靠很努力可能做到，這還算「善」，至少不惡；但一〇％的成長，達到的機會很可能跟中樂透一樣機會渺茫，這就是壓榨、就是「惡」。

問題是，不管是五％、一〇％，往往每個月、每一季，經理都會督導業績，只要沒達到的就會給壓力、甚至指責，而且你也「領不到業績獎金」。對於薪水只有比基本工資高沒多少，尤其是那些有家小、房貸負擔的業務人員來說，領不到業績獎金就代表入不敷出，回家無法交代，焦慮度會一路飆升。

另外一種焦慮是按月的表現督導，假如你沒有連續曠職、讓公司蒙受損失，根據勞基法的規定，連續三個月的表現在督導下不及格，是解雇你唯一的合法途徑。所以也會讓你活在失去工作的焦慮與恐懼裡，受不了的人會自行請辭，公司可以連資遣費都省了。

還有另一種焦慮跟人無關，而是外界環境的變遷所帶來的影響，像公司營運不佳、放出要縮編、被合併的消息，或者宣布將實行組織再造跟改革。這些環境中的壞消息，都會是壓力跟焦慮的來源，尤其越高階的主管越擔心、越恐懼，因爲高薪會成爲目標，中年失業也是一個大危機。

請先做一下我參考一些診斷量表，作出適合國人的「焦慮量表」：下面是一些跟焦慮有關的一般症狀，請仔細閱讀每一個項目，回想你過去一週以來（包括今天）這些症狀出現的次數，在題目右側的空格中打勾。

焦慮的壞情緒該如何處理？

1. **首先要知道眞相**：當你領不到獎金，但是總經理車子越換越好，身上名牌越來越高級的時候，你該走人了。公司不是沒賺錢，賺的是欺騙你辛苦

表 9-1：焦慮量表

		完全沒有	偶而才有	輕度困擾一週幾次	中度困擾每天都有	重度困擾一天好幾次
•肌肉						
1.	太陽穴緊繃、頭暈，或容易頭痛					
2.	脖子、頸部、或胸口緊繃、疼痛					
•自律神經						
3.	喉嚨卡卡、甚至疼痛，或胃脹、像胃被頂著					
4.	心臟跳很快或感覺跳得很用力					
5.	手抖、冒汗、頻尿，或腸躁					
•認知功能						
6.	恍神、難以專心、甚至腦袋空白					
7.	沒記性、記不住、容易忘東忘西					
•心情狀態						
8.	容易莫名驚慌、緊張					
9.	煩躁不安，甚至易怒					
•睡眠狀態						
10.	睡前翻來覆去、想東想西、難入睡					
11.	淺眠、多夢、醒來還是覺得累					
•想法						
12.	過多的擔心，別人會覺得我想太多					
13.	常擔心身體健康，會經常就醫檢查					
14.	做事情急性子，也害怕出錯誤					

完全沒有 0 分　偶而才有 1 分　輕度困擾 2 分　中度困擾 3 分　重度困擾 4 分

評分：
極度焦慮　50-56 分　嚴重焦慮　35-49 分 ------ **該看精神科醫師或心理諮商**
中度焦慮　20-35 分　-------------- **可尋求醫師協助、諮商，或者自我學習**
輕度焦慮　10-20 分　沒有焦慮　0-10 分

資料來源：作者提供

工作，卻永遠達不到業績的血汗錢。屬下養不起家小，對自戀自私型總經理一點都不會造成內疚不安，不要期待他會改變。當整個行業都在往下走，如零售業，網路購物卻每年都快速成長，不要輕易聽信零售業主管的鼓勵跟安慰，留在夕陽產業的危機很大。焦慮、恐懼都是應該有的「**行動訊號**」——該考慮轉換公司，甚至行業了。

2. **要評估自己的能力跟適任度**：有些公司並非長官的要求不合理，而是你其實並不適合這一份工作。舉例來說，我有幾個病人是保險公司的從業人員，他們之所以選擇這個工作，純粹是因爲他們的媽媽在這行業多年，希望他們可以接手，從服務舊有客戶到開發新客戶。問題是他們的個性內向，缺乏說服人的技巧，甚至本身有社交焦慮症。這時不一定要離職，也可以檢討該如何讓自己的能力進步，外面有些團體課程是專門爲業務能力跟社交焦慮症開設的。眞的很嚴重，無法藉著自學或別人教而得到改善，這時也不一定要離職，因爲問題只會帶到下個公司，必須借助專業心理諮商，精神科藥物也可以幫忙。

3. **焦慮、恐懼是眞實的，還是來自於你的過度擔心跟緊張？過度要求完美跟表現要最好**：有些人是焦慮體質，腦中焦慮中樞的設定過於敏感，對外來的反應產生過大的行動訊號，焦慮是最常見的。體質跟遺傳有很大的關係，根據研究，焦慮體質有九〇％來自遺傳，白話文是「假如父母親其中有一個是，你有焦慮體質的機會是五〇％，兩個都是，八〇至九〇％。」這就是台語講的「厚操煩，勢緊張」的體質（勢，念 gâu，容易、很會的意思）。這種體質可以用認知行爲治療加以改變，多些計畫跟執行，少在腦中反覆的擔心。如果伴隨自律神經失調、失眠，也可以用精神科藥物治療。求完美，不服輸，常常有焦慮症的「厚操煩，勢緊張」在作怪，也可以因爲是自卑、忌妒、有進取心，這時要有計畫的設定優先次序，不是要求樣樣都很好，抓出最緊要的二至三項業務，集中火力攻擊才是職場成功的重點，也就是英文常講的 priority setting。

讓你活在被漠視、孤立裡

最早的「依附理論」由約翰．鮑比（John Bowlby）所提出，認爲小孩一出生就要依賴照顧他的人，以免生存受到外在的威脅。而依附關係影響到的不只是小孩與母親的互動，更是終其一生的生活狀態。

從生命的開始，我們就需要一個能讓自己感到安心的領域，從媽媽的懷抱到與朋友玩耍的下課時光，再來是和另一半共享的甜蜜關係。人類是群體動物，從小到大都需要跟其他個體的合作、互動，所以有一個覺得安全，可以有人相互信賴的環境很重要。

辛蒂・哈珊（Cindy Hazan）與飛利浦・薛佛（Phillip Shaver）兩位心理學家，將「依附理論」拓展到了成人世界中。人際關係也屬於一種依附過程，雙方都期待在此段關係中獲得滿足，而形成相互的情感支持。所以**職場上的一大武器就是漠視你、死不理你，讓你活在不安之中，而且還是利用群體的力量**。

最常見的就是拉幫結派，一旦你拒絕跟他們站在一起，甚至表明跟他們的立場或價值觀不同，他們除了會攻擊你之外，一個經常採用的武器就是「眼中沒有你」、「吃中飯、訂飲料、團購、下班活動不找你」、「老是發言跟你不同調」，讓你孤立，活在難過、充滿不安全感的被漠視裡。

另一種情況是來自上面，當你拒絕長官們不合理、甚至不合法的要求時，他們於公拿你沒輒，但是可能就直接把你擺在冰箱裡，讓你忙些沒意義的事，杜絕你一切會做出成績、升遷的機會，同時也增加你的焦慮跟恐懼，雙重的精神霸凌。

你的競爭者也可以採取同樣的方式對付你，特意的跟你周遭的人親近，講你壞話，讓你孤立，最後則是被集體所漠視。而被漠視的對象除了你之外，甚至包括你的朋友，跟支持你的同事。這是很常見，也很陰毒的，在職場上利用心理學「依附理論」的精神霸凌。

那你該如何處理？

1. 首先要知道正因爲「依附理論」裡面所說的—從生命開始就需要一個安全跟安心的環境，一直都需要在人際關係中獲得滿足；相互支持構成安全感，也會更有力量。所以**「拉幫結派」很自然，是人類群居動物的天性，在職場上也是一樣**。要做孤狼是一件困難的事，除非是高階技術人員，像律師、醫師。很多「游離分子」則是比較正直、內向的人們，尤其是害怕跟人互動的社交焦慮症患者，他們往往終其一生搞不清楚爲何要「拉幫結派」？認爲那只是爲了權力跟利益的結合。這想法很大一部分是不對的，從人性的角度，我們在原始人的時代，不「拉幫結派」怎麼打老虎，又不是人人都像武松那麼厲害。

2. 如果你是武藝高強、身有專長的孤狼，你可以在組織中尋找一個純技術領域的工作，但那也要公司高層夠正直，不會要求你造假或違反SOP作業程序之類的。你也可以選擇自行創業，做一方之霸，定自己的幫規，收自己的幫衆，要人類不「拉幫結派」基本上是不可能的事。

3. **假如你沒本事做孤狼，心理上也需要跟同儕的互動與情感往來，那麼重要的是加入對的群體**。很多人力銀行的經理，甚至副總都建議剛進公司的菜鳥要跟先進前輩們打好關係、做好服務，這是害死人的建議。因爲就像俗諺說的「女怕嫁錯郎，男怕入錯行」，這很有道理，只是性別歧視不恰當；職場上絕對不會錯的是──「**最怕入錯幫**」。一旦你入錯幫，即使不覺得孤立，但是被當權派漠視，表現機會跟升遷都會變得很困難。問題是當權派會需要拉攏「菜鳥會員」嗎？會跟新人熱絡嗎？答案是「用不著」，你得要找機會被欣賞、要會磨蹭，才會被吸收。所以，新人只要忙著熟悉自己的工作、瞭解公司的制度，但同時觀察公司的運作方式跟權責分配，接著**「跟對人、加對幫」**、**「在對的地方、做對的事情」**，這才是自保與成功之道。

4. **假如你真的被漠視、被孤立了，首先要想辦法建立好的人際互動**，像主動加入一些公司的活動，如福委會、年終表演這種大部分人不愛，卻要有人「勇」於承擔的事物。要鼓勵自己每天都帶著「杜胥內微笑」去上班，檢討自己待人處世是否周到，是否愛抱怨、愛唱衰，充滿負能量，必要時尋求職場諮詢、心理諮商。記得融冰是一層一層慢慢融的，由外面的0先開始，慢慢擴大自己的影響圈，耐心跟持續的努力很重要。

讓你活在被討厭裡

在職場上遇到自戀型人格特質的同事或主管，他們會赤裸裸表現出對你的討厭，甚至公然埋怨你。最慘的則是言詞上的公開侮辱，不留情面的人身攻擊，像是「連這都不懂，你是白癡啊？」、「真不懂你是哪個學校畢業的？沒有一件事做得好。」。

一般來說，我們在團體中的行爲都有心理學上所謂「**社會期許**（Social Desirability）」的傾向。「社會期許」是指在評量個人的性格或態度行爲歷程中，個體常有「假裝完美（fake good）」的動機，因而常會作假，使之符合社會所接納、喜歡或期許的心態。柯洛尼（Crowne）與馬洛（Marlow）在一九六四年曾提出社會期許反應的強度，會跟個人的自我保護、團體讚許、團體服從及逃避批評等的一般需求有關聯。

換句話說，當你遇到不留情面的討厭、攻擊、埋怨的時候，這些攻擊你的人已經不在意什麼是「社會期許」，也不在意他們在同僚心中的「社會形象」，甚或其他同僚已經跟他們都對你採取同一立場，把你當成團體中那隻該死的黑羊。其實就像美國的3K黨一樣，他們對非裔美人採取種族歧視的時候，所謂的「社會期許」是當你的手段足夠凶狠時，越是團體服從，越能得到團體讚許。

「黑羊效應」，在心理學上原本指的是「一群好人」欺負一個好人，其他好人卻坐視不管的詭譎現象。其實，我們在生活中或多或少都曾目睹、聽聞，甚至涉入過排擠或欺凌他人的事件。如果對這些事件進行深入分析，就會發現其起因有時很荒唐，比如「他很白目」、「他太跩了」等，引發衆人對某一個人的攻擊。而不加入這場戲的其他人卻選擇冷眼旁觀，既不願意維護你，或跟有能力改善這種現象的人反映，直到最後受害者被迫離開。這就是黑羊效應，由黑羊、屠夫、白羊所構成的**群體獻祭儀式**。

黑羊效應中有三個角色：

1. **無助的黑羊**——受害者，沒做錯些什麼，就無辜遭受攻擊。
2. **持刀的屠夫**——加害者，大家一起對某個人做某些人身的攻擊。
3. **冷漠的白羊**——旁觀者，目睹部分或全部過程，卻沒採取任何行動。

問題是在職場中，作為加害者——**持刀的屠夫**，其實沒什麼無辜可言，原來黑羊效應中所講加害者根本不是「一群好人」，他們要嘛就是所謂的「社會病態者」，不然就是處心積慮要害你的人，其動機可能是競爭或忌妒。所謂心理學上原本指的「**一群好人**」，這也是人性本善觀念害的；根據研究，反社會人格跟自戀型人格「往往自小」對別人有惡意的霸凌，而且沒有同理心，對他人的苦難甚至還覺得好玩。不只是「社會病態者」的喜歡凌虐他人，競爭跟忌妒幾乎也無處不在，什麼人性本善？**競爭跟忌妒才是絕大多數生物的本性**，人類也不例外。

那你該如何處理？

1. **站穩腳步，知道自己沒做錯**：之前已經提過該如何應付反社會人格跟自戀型人格，這邊就不再重複。成爲黑羊是一個很不幸的命運，你不僅被霸凌，還被強迫活在別人的討厭裡，讓你自尊受損，甚至懷疑自己能力跟價值，這些負面能量是非常的巨大的。所以，**第一步是站穩腳步，擋住對自己的質疑，知道自己沒做錯**，只是不幸成了無辜的受害者，而不是自己眞的有問題。有時被討厭久了，心靈會遭遇很大的創傷，這時諮詢跟諮商就變得很重要，因爲你受傷的心靈需要專業的心理支持跟輔導。

2. **跟有能力改善這種現象的人反應，或者請有正義感的同僚幫你一起做反應**：但是你務必先拿掉負面能量的影響，可以清楚地呈現自己的能力、重要性，跟加害人行爲的不合理。讓公司做適度的人事處理，或部門調動；或者某種程度去愼重告誡那些霸凌者。但是不要期待過高，如果面對的不是單一加害人，要做到平反正義、討回公道是非常難的。

3. **如果有能力改善這種現象的人，其實本身就是「社會病態者」，最好的解決方式就是選擇離開：**這不是逃避，而是孟母三遷，記取教訓，學會對「社會病態者」的警覺性，選擇一個沒有他們帶頭肆虐的環境。

讓你活在憤怒、屈辱裡

很多職場鬥爭的工具是讓你活在憤怒、屈辱裡，因爲一旦能激發你的憤怒，就會讓你充滿很多的負能量，讓你的攻擊指數大幅提升，爆點大幅下降。只要你不小心情緒失控，即使只是行爲上的小問題，像拉高音量、用字不小心，就更容易被攻擊，被貼上「情緒化」、「難搞」的標籤。

下面是名作家史蒂芬・柯維（Stephen Covey）所講述過的一段故事：

若不是因爲種族歧視跟偏見所引起的憤怒，印度恐怕不會出現甘地，他很可能只是一位有錢的名律師。甘地有一次到南非，因爲種族歧視，他被趕下火車，因此在月台上坐了一整夜，覺得深受屈辱、憤怒，他憤怒到希望得到以眼還眼的正義。

他想要以暴力的方式對待那些羞辱他的人，但他告訴自己：「這不是正確的做法」，一時的快感並無法討回任何正義，只會讓衝突的惡性循環越演越烈，他克制住自己。就從那一刻起，他發展出自己的非暴力哲學，用以推動南非的種族正義，二十二年之後他回到印度，用不憤怒、非暴力的反抗帶領印度獨立。

這跟**「讓你活在被漠視裡，或者被討厭裡」**故意的霸凌不一樣，你受的憤怒、屈辱往往來自莫名的歧視與偏見，不是人跟人之間的忌妒、競爭，而是階級、出身，甚至膚色差別的議題。你和你的同類人可能都會遭遇相同的命運，被不當的對待，只因你是黑的、只因你是被認爲愛喝酒的原住民、只因爲你是同志。

請完成表9-2憤怒量表，這個量表也可以用在「讓你活在被漠視裡，或者被討厭裡」。請回顧你最近一週：

表 9-2：憤怒量表

1. 易煩躁，脾氣會直接爆發、難以控制	0. 不會　1. 有時候　2. 經常且不嚴重　3. 很經常或嚴重　4. 總是
2. 易生氣，會提高音量以試圖壓過對方	0. 不會　1. 有時候　2. 經常且不嚴重　3. 很經常或嚴重　4. 總是
3. 不顧秩序跟尊重，急切表達自己的看法，不容抗議	0 不會　1. 有時候　2. 經常且不嚴重　3. 很經常或嚴重　4. 總是
4. 爭論時「跳針」、不斷重複同樣的內容、拒絕插嘴	0. 不會　1. 有時候　2. 經常且不嚴重　3. 很經常或嚴重　4. 總是
5. 喜歡指責別人的錯誤和缺點，但卻不允許一點批評	0. 不會　1. 有時候　2. 經常且不嚴重　3. 很經常或嚴重　4. 總是
6. 急於表達看法，粗魯而不顧慮他人的意見跟感受	0. 不會　1. 有時候　2. 經常且不嚴重　3. 很經常或嚴重　4. 總是
7. 要求自己的問題被解決，忽略別人或團體的需求	0. 不會　1. 有時候　2. 經常且不嚴重　3. 很經常或嚴重　4. 總是
8. 會跟人當面或網路論戰，甚至情緒式的人身攻擊	0. 不會　1. 有時候　2. 經常且不嚴重　3. 很經常或嚴重　4. 總是
9. 就算別人不需要，也堅持提出「建議」、「意見」	0. 不會　1. 有時候　2. 經常且不嚴重　3. 很經常或嚴重　4. 總是
10. 正面衝突時會馬上反擊，甚至有動粗的想法	0. 不會　1. 有時候　2. 經常且不嚴重　3. 很經常或嚴重　4. 總是

資料來源：作者提供

評分：
惡氣沖天（極嚴重）：35~ 40 分
超火大（極嚴重）：25~ 34 分
生氣了（中度嚴重）：15~24 分
注意：5~14 分
COOL ：0~5 分

那你該如何處理？

1. **堅定自己的認同，確信人生而平權**：在職場上看能力、看人和，更看「行高致遠」，也就是「路遙知馬力」。透過努力證明自己，克服歧視不是件容易的事，因為你**要先取得可以證明自己的機會**。無畏於一切的勇氣、堅強到底的決心，成功一次、兩次、三次，人們慢慢學會正確地看待你、尊敬你、接受你。

2. **「不要逃」、「不能屈服」，盡你的最大的可能**：印度的種姓制度其實是最大的歧視，甚至遠遠超過種族歧視，賤民甚至是「不可碰觸的（untouchable）」。照說賤民們應該覺得憤怒、覺得屈辱，跟他們比起來，甘地當年在南非的遭遇算什麼？但是他們從小活在那樣的環境裡，被宗教洗腦，一心只乞求解脫的來世。但是**在職場上可沒有什麼解脫的來世，也沒有什麼自認就是賤民的空間，不然你現世的未來在哪裡？你的家小怎麼辦？要嘛有勇氣的奮鬥到底，要嘛離開，自尊跟平等應該是職場最後的底線**。

即使沒有他人的惡意，壞情緒依然會發生在每個人身上，並產生負能量

最重要的兩個問題：

- 別人會把壞情緒帶給你嗎？
- 你的公司、團體經常處在負面情緒中嗎？

別人會把壞情緒帶給你嗎？

在職場上，除了上面提到的跟客戶、工作性質比較有關的「**情緒勞動**」，以及跟公司同事、主管相關的「**情緒霸凌**」之外，還有一種壞情緒是來自同事他們本身的負能量，甚至精神疾病。

公司最近新成立了一個企劃部門，特別從另一家大公司挖來兩個資深的人才，一個擔任處長，一個擔任資深經理。處長很活潑，任務也很清楚，需要參與很多的高階會議。但是這位資深經理的處境就沒這麼順利了，除了這

家公司的員工都很資深，排他性很強之外，他到底要負責些什麼工作一直不明確。其實當初公司設立這部門的想法就不是很清楚，只是想要借助「外來菁英」搞一些特別的專案，但是這些提案後來都被否決了。

他是個很有企圖心跟責任感的人，希望在新公司找到新的舞台，而公司高層也苦於付出高薪卻幾乎無法得到任何回報。就這樣不上不下卡了半年，他的心情越來越差，人事處長甚至懷疑他是否已經得到憂鬱症？只要走進辦公室，看到他那張勉強帶著笑容，實際上卻是既焦慮又憂鬱的臉，每個人都覺得心情跟著壞了起來。尤其當初鼓勵他來這家公司的直屬長官，還有人事處長，情緒都受到不少負面的影響。一直到他終於忍耐不住了，辭職離開公司，大家才鬆了一口氣，正能量回來了。

在這件事情中沒有加害者，受害者的焦慮、憂鬱主要是來自公司錯誤的規劃，還有當初他選擇來這家公司不是很好的決定（這當然是事後之明），但是公司裡其他的人卻也受到負面能量一段時間的影響。這樣的問題有時在公家機關更明顯，曾有一個科長，她的婚姻出了問題卻遲遲無法解決，她對於先生的外遇是既憤怒又憂鬱，每天都把滿腹的壞能量跟著帶進辦公室。有些老同事就成了她訴苦的對象，不斷聽她重複講同樣的問題，被她的憤怒搞到心浮氣躁，勸也勸不動，弄到最後自己也很挫折，看到她趕快閃避，最好是在公事上不需要任何接觸。新的屬下有時也遭池魚之殃，明明沒做錯，卻被莫名的修理了一頓，只能回家處理自己的憤怒。

像這樣的壞情緒、負能量，照說應該是由人事部門會同主管一起負責來處裡。公司裡，照法令規定五十人以上，就應該有專門評估跟處理的相關醫護人員（三百人以上目前有強制規定），提供看診或諮商，而不是讓其他同事成爲別人壞情緒的無辜受害者。

可惜這方面的法令不是完全被落實，尤其是心理健康這一塊，在正確資訊跟檢測量表的提供上就已經非常欠缺，更不用提到精神健康的評估與處理。當員工遇到情緒風暴的魔王，專門吸收別人快樂的負面能量黑洞，自己可以做的是：

1. 不要太雞婆，發現自己無能爲力幫助負能量來源時，要及早抽身；
2. 不要覺得自己要有同事愛、該處理，這不是你工作的專長，需要專業。

台灣社會慢慢地出現共識，這些憂鬱相關的問題往往不是一句「想開就好」、「休息一陣子就好」可以解決。在尋求精神跟心理專業協助的這塊還在「開發中」，千萬別像「達客效應」的自以爲是，胡亂攪局。

你的公司、團體經常處在負面情緒中嗎？

有一家公司向來以嚴厲著稱，即使身爲一級主管，動不動就可能被董事長叫去罰站，罵上一到兩個小時，我想大家應該都知道我在講誰。所謂的「公司文化」其實往往反映的就是「領導人的特質」，正如同《哈佛商業評論》中所說：

文化和領導之間，有著密不可分的關聯。創辦人和有影響力的領導人，通常會推動新文化，並強烈灌輸可維持數十年的價值觀和假設。隨著時間過去，組織領導人也會透過刻意與不自覺的行爲來塑造文化。

我曾待過兩家外商大藥廠，一家的行事風格是輕鬆的，往往跟醫師相約討論事情，遲到個十分鐘也沒人會焦慮。因爲醫師自己也常常遲到，等個半小時，甚至一小時很常見，大家會互相體諒。另一家公司則不是，往往負責約醫師的人會要求其他同事提早一個小時到，覺得讓醫師等不可原諒。整個團隊都充滿了焦慮，即使最後要一群人等上兩個小時也覺得應該，長久下來，工作效率因爲過度焦慮而下降，熱情也耗損殆盡。

那家充滿焦慮的公司上班期間靜悄悄，也沒甚麼中場休息的咖啡時間，大家交談的話題往往是對公司的負面情緒、埋怨。**焦慮，尤其在台灣，往往是公司裡最常見的壞情緒，所以公司的文化也該是你選擇公司時重要的考慮。**假如你去應徵時，這公司的人都神色匆匆，緊繃而面無笑容，也沒有熱情的招呼，只講正事不開玩笑，或許你該好好考慮**這種集體壞情緒對你未來的影響，因爲你不僅跳脫不了它會帶來的壞能量，而且對你的快樂破壞巨大，甚至影響身心健康，像自律神經失調、胃食道逆流、失眠。**

最後的一個問題則是有關你自己：

- 你自己才是風暴的起點嗎？
- 你是把壞情緒帶給別人的人嗎？

• 你會自我沉溺在負面情緒，擴大負能量嗎？

我們常說最大的敵人是自己，這句話用在壞情緒、負面能量中也是如此。心理學的術語叫「自我擊敗（self-defeating）」。像我之前所提到那個剛升上醫院教授，卻反得到憂鬱症的醫師，她數年來每天睡不好，常常為亡父哭泣，卻拒絕告別哀慟的女兒，他們都讓自己沉溺在愧疚、悲傷、自責的情緒中，心理上卻認為這是對的。

「自我沉溺（Self-indulgence）」

這個心理學名詞的意思是，「不自我設限的、過度地在慾望上自我滿足」。但是持續擁抱，甚至覺得自己該堅持負面情緒，比如說對自己十幾年前的錯誤決定內疚、懊惱；對同僚的忌妒、生氣，像是「既生亮、何生瑜」的瑜亮情結；或者是不斷收養毛小孩，每年都在遭受喪親之痛。這些持續存在的負面情緒，對一個精神科醫師臨床的實際經驗來說，和所謂在慾望或快樂上的**「自我沉溺」**，在本質上其實並沒有什麼不同，結果都是要付出代價。

沉溺在負面情緒，會造成負面能量的累積，不但吃掉你自己的快樂，影響你的身心健康，破壞你的人際關係跟職涯發展；也會影響你周遭的同事跟親友，尤其是下一代的小孩最嚴重。根據研究，父母親的憂鬱症對小孩或青少年的大腦發展有不好的影響，這些小孩以後比較不快樂，更大的機會得到憂鬱症。

所以，在你覺得別人帶給你情緒困擾之前，請自問：

- 你自己才是風暴的起點嗎？
- 你是把壞情緒帶給別人的人嗎？
- 你需要接受專業諮商的幫忙嗎？

第十章

情緒的巨人

要在職場上做為一位成功人士，在職涯上要有不凡的成就，耐心跟毅力都不可或缺。這絕不是老生常談，而是放在心理學的領域來看，「耐心」跟「毅力」這兩個成功的要素，它們其實是一種「**情緒力**」，擁有跟一般情緒處理非常不同的特質。

「耐心」跟「毅力」是持續設定目標、朝目標前進，要求自己穩定而堅毅。它們是超越的力量，可以助你跳脫情緒的漩渦，每天不耗損在壞情緒裡、不沉溺在追求更多的快樂中，這才是情緒最終、眞正的主宰者。

「耐心」指的是承受延遲或煩惱，不急躁、不厭煩、不抱怨，並且保持冷靜的能力；「毅力」是持久而堅定的意志。每個人都「好像」知道這些解釋代表什麼意思，但是其實在每個人的認知裡，「耐心」或「毅力」都很抽象，在職場上又該怎麼做呢？如果要有「耐心」跟「毅力」，那是不是代表不要辭職呢？你如何知道何時要「忍耐」？何時要毅然離開，開創自己的新事業？

小卡爾文・埃德溫・「卡爾」・瑞普肯（Calvin Edwin "Cal" Ripken, Jr.），美國職棒大聯盟球員，暱稱鐵人（The Iron Man）。他在一九八二年五月三十日至一九九八年九月十九日所締造的連續二千六百三十二場出賽，至今仍是大聯盟的紀錄。

他最後要打破紀錄的那幾場比賽是我剛好在美國唸書的時候，一開始電視的評論是這樣的：「瑞普肯快要打破連續出場比賽的紀錄了。」「那有什麼了不起嗎？上次創造這個紀錄的人，大家恐怕連名字都想不起來，瑞普肯的職棒生涯中又不是什麼全壘打王，也沒幫助球隊拿過世界冠軍，印象中頂多拿過幾次金手套獎。」

但是隨著破紀錄的日子越來越逼近，大家開始細看他這輩子的成績，發現他的打擊一直保持在高檔，超過三千支的安打（足以進入名人堂），四百支以上的全壘打。還有九次全明星賽登場，兩次明星賽最有價值球員，兩次美國聯盟最有價值球員，兩次美國聯盟金手套獎，還有八次美國聯盟銀棒獎。

因爲能夠連續維持十七年很高檔的表現，所以從沒被下放到小聯盟，直到三十八歲的高齡依然日復一日、紮紮實實穩定的上場。美國職棒一年要出賽一百六十二場，有時遇雨延賽，甚至一天要連打兩場，隔天可能又要比賽。他是任務繁重的游擊手，但是他沒有任何一天因傷、因病、因事而請假。只因他外表既不帥也不高，更沒一頭飄逸的長髮，完全沒有巨星丰采，反而像是一個平凡的郵差，所以他的成績從沒被認眞看待過。

到了打破紀錄的那一天，瑞普肯得到了應該但從未得到的認可，不管是他的打擊、守備表現，或堅忍不拔的精神。他得到的鎂光燈、讚美與祝福，遠遠超過了所有的巨星，也賺飽了無數美國人的眼淚。

在球場的殘酷競爭中、人生的風風雨雨裡，一個人要怎麼能夠忍傷、忍苦，持續不中斷有「耐心」、有「毅力」，「穩定」而「優異」的默默貢獻了十七年。這中間沒有跟老婆吵過架嗎？沒有遭遇親友過世的打擊嗎？沒有傷痛困擾過嗎？但他沒跟教練請過一次的假。這連續二千六百三十二場的出賽紀錄，最終被認爲是無比艱難、無比傑出，不可能再被打破的紀錄，這就是一種超凡入聖的「情緒力」。

什麼是耐心？

這世界有很多不公不義的事，不是只有被反社會人格霸凌、被自戀型人格欺負、被自己的朋友因爭取職位或圖謀利益而出賣，其實我們無時無刻都活在精神的霸凌裡，像是一時心血來潮的總經理叫你去清馬桶（你可以想像賈伯斯、比爾蓋茲跪著清理馬桶的樣子？）、聖人長官要你去把媽媽請來大院子裡參加洗腳活動（祖克柏的媽媽一定還很年輕，大概會覺得兒子有毛病）。又爲什麼老闆娘可以隨時來公司管這管那（她又不是公司主管，算哪根蔥）？爲什麼當主管的都是老闆的親戚（尤其給那不成才的兒女接班）？

爲什麼不多加點薪水，少發點股利（這難道不是一種壓榨）？

哥林多前書13：愛是耐心，是親切；愛是不嫉妒，愛是不自誇，不張狂，不做羞辱他人的事；不求自己的益處，不輕易發怒，不計算人的惡；不喜歡不義，只喜歡眞理。愛是凡事包容，凡事相信，凡事盼望，凡事不屈不撓。[1]

我不是基督徒，但個人覺得基督教是個不錯的宗教，最近幾年在做心理諮商時，常常會想到基督教裡的一些基本概念，也會引用在治療中。我認可「不張狂，不做羞辱他人的事」，也同意「不喜歡不義，只喜歡眞理。愛是凡事盼望，凡事不屈不撓」，但是我覺得在職場上絕對不能接受「凡事包容，凡事相信」。很多有名的講師、昂貴的課程，甚至是心理專業人士都很喜歡講愛，大家也很捧場，但是，在職場上講「愛」，講「凡事包容，凡事相信」，是不切實際的。

怎麼可以「不求自己的益處」？那要每年眼睜睜看別人升職、領比你多的獎金嗎？但是追求利益最好不要跟團體的利益相違背，最好不要不擇手段，犧牲別人來成全自己。這是「最好」啦！股市坑殺散戶，老闆五鬼搬運公司的錢都是不擇手段，犧牲別人，更不要說老鼠會、詐騙集團。

「不計算人的惡」？是因爲相信人性本善嗎？想都不用想，所有歷史上大屠殺的紀錄、科學研究中得到的證據，都在教我們要提防，甚至有計畫地反制人性惡劣、自私的一面。

---

1 原文：Love is patient, love is kind. It does not envy, it does not boast, it is not proud. It does not dishonor others, it is not self-seeking, it is not easily angered, it keeps no record of wrongs. Love does not delight in evil but rejoices with the truth. It always protects, always trusts, always hopes, always perseveres.

原翻譯有很多的錯誤，應該是加入很多人對於耐心跟忍耐的誤解。大家最熟悉的原譯：愛是恆久忍耐，又有恩慈；愛是不嫉妒；愛是不自誇，不張狂，不做害羞的事，不求自己的益處，不輕易發怒，不計算人的惡，不喜歡不義，只喜歡眞理；凡事包容，凡事相信，凡事盼望，凡事忍耐。這可能跟男性當權的沙豬主義有關，要求妻子要恆久忍耐，凡事忍耐。現在我才因懷疑心，回過頭來看原文，才發現「豬」還把奴役的文字包裝得超美。

「凡事包容」叫做自掘墳墓。職場上的原則很重要，很多公司會嚴格規定你的電腦絕對不能給同事使用，違者離職處分。說謊，甚至知情不報造成工作上的失誤，也不該被「包容」的。

「凡事相信」中的「相信」，不應該是「對人盲目地，或持續而全面地相信」，即使對善良的人也是（善良的人也會做錯事，也會因為能力不夠而讓團體失敗）。「相信」應該是指對別人專業能力、專業素養可以達成任務的信任；絕對不該是相信同事既然是團隊的一分子，就不會是豬隊友，就不會用爛手段來跟你競爭。很多講「團隊工作（Team Work）」的訓練課程，一開始都強調「信任」是無比的重要，你要是「相信」就錯慘了。只要團體中有自戀型人格的豬隊友，能力差又自以為是，可以跟你保證是無比的災難。

哥林多前書13原翻譯最大的問題是（請參考上一頁註解1），都把patient翻譯成「忍耐」，而不是「耐心」，甚至大家都耳熟能詳的第一句「愛是恆久忍耐」，跟原文「耐心」相比實在差太多了，「耐心」跟「忍耐」有很大的不同。「愛是恆久忍耐」意指無條件的愛跟包容，請不要用在職場裡，包括對老闆的死心忠誠，對屬下的人性管理。

「耐心」不等於「忍耐」

「patient」是形容詞，也是名詞，大家發現了嗎？名詞是指「病人」，形容詞則是「耐心」。其字根的意義是suffer，受罪、受苦難，所以病人的意思就是受苦受罪的人。「patient」作爲形容詞的中文翻譯是「有耐心的，能忍受的」、「可以承受延遲，或煩惱；不急躁，不厭煩」，但是這樣的形容既抽象又沒有臨場感，看不出要如何做到眞正的耐心，因爲一個人在耐心當下所面臨的情境很重要。

英英字典中條列式的解釋可以幫助我們更知道耐心要做到什麼、怎麼做：

- 「平靜地」忍受痛苦、試驗，「不抱怨」；
- 在「激怒、挑釁、壓力之下」展現自我控制、寬恕跟忍耐；
- 不急躁、不貪快，不做「不深思熟慮的決定」；
- 不論遇到反對、困難、逆境，甚至災難都「堅定不移」。

打引號的地方可以幫助我們更瞭解「耐心」到底要怎麼實現：

- 它不是一種情緒的控管，反而是一種意志力的呈現。
- 它強調深沉理智的思考跟計畫，做好準備面臨挑戰，爲了達到目標堅定不移。

換句話說，「耐心」作爲一種情緒的力量，是一個有目標的堅定行爲，爲了目標要有接受苦痛的決心，必須能接受時間的考驗，不急躁、冒進。「耐心」是要經過不斷的自我要求、接受磨練、深入思考之後，才會擁有的一種「情緒力」，不是只有嘴巴說說、心裡想想：「我決定要有耐心，要能忍受」。「耐心」更不是像原譯「恆久忍耐」，意指從一而終。在之前也提過，遇到喪心病狂、自私自戀的老闆，焦慮無法自拔的企業，「離開不再忍耐」是更好的選擇。

「忍」在於忍者無怨、安然順受，不生嗔恨，這叫鄉愿、奴隸。「耐」則在於有意識、有目標的承受、經久持續，這是要「贏在終點」。「耐」在職場上的重要性、積極性遠勝於「忍」，要「耐得住性子」，同時要「凡事盼望，凡事不屈不撓」。請完成下列「堅持度量表」。

表 10-1：堅持度量表

如果盡力去做，我一定能夠解決問題	不會 1 分　有時候 2 分　一半一半 3 分 多數正確 4 分　幾乎總是 5 分
不管別人怎麼反對，我會找出辦法達成目的	不會 1 分　有時候 2 分　一半一半 3 分 多數正確 4 分　幾乎總是 5 分
我自信能有效地應付任何突如其來的事情	不會 1 分　有時候 2 分　一半一半 3 分 多數正確 4 分　幾乎總是 5 分
我能冷靜地面對困難，因爲我信賴自己處理問題的能力	不會 1 分　有時候 2 分　一半一半 3 分 多數正確 4 分　幾乎總是 5 分
面對一個難題時，我通常能找到幾個解決方法	不會 1 分　有時候 2 分　一半一半 3 分 多數正確 4 分　幾乎總是 5 分
無論什麼事發生在我身上，我都能應付自如	不會 1 分　有時候 2 分　一半一半 3 分 多數正確 4 分　幾乎總是 5 分

24~30 分，代表你很有耐心、決心，可以創業，或者爭取成爲領導者、CEO；
18~24 分，代表你雖然有耐心、決心，但是不夠堅強，還要自我省思，加強自己；
12~18 分，請深自檢討，你很可能能力不足、不夠堅定、半途而廢，不要自己創業；
<12 分，請尋求專業諮商協助。

資料來源：作者提供

「堅持度量表」修改自一個重要的心理學量表「自我效能感量表」（General Self-Efficacy Scale，簡稱 GSES），是由 Schwarzer 博士等人在一九九三年所提出。修改的過程主要挑選比較適合台灣職場人士的項目，其中最主要的三個原則是：「相信自己，目標導向」、「針對問題，堅持目標」、「不懼困難跟突發狀況」。再加上「長期維持的情緒耐受力」、「事發當下的控制力」、「承受苦痛的意志」。

這整體就是「耐」的能力，能讓你不抱怨、擺脫壞情緒的影響，堅定地達成目標。請逐項自我嚴格檢視，給自己打分數，確認自己的能力、信心、目標跟意志。假如你渴望成功，請隨時放在心上，每天檢討並確切執行。

職場如戰場，輸掉升遷的後果不亞於輸掉戰役，「耐心」是一種武器

在職場中，即使別人沒有用情緒武器對付你，但因爲遇到豬隊友的不負責

任、公司制度的官僚，你也會有一堆子的壞情緒。所以，當下的「忍一時之氣」，必要時耐得住性子的「當一天和尚、撞一天鐘」很重要，要學會：

- 把情緒的處理整合在目標的達成中：不過度計較當下的正義是非（不鬥氣、不執拗），而是要成爲職涯最後的勝利者（自始至終目標導向）。我們往往太過在意眼前發生的事，以致被情緒不當的驅策，忘記了該有的目標與計畫。深思熟慮、好的決定需要耐心：孫子兵法：「用兵之道，攻心爲上」，但要攻別人的心，自己的心則要先清澈、要先沉著。知己，以及嚴格自律是「攻心」與職場成功最基本的功夫，一個重要的「自律」是不做匆促的決定，尤其在情緒的當下。

- 在挑釁、壓力之下展現自我控制：孫子說：「將有五危」，其中之一是「忿速可侮」，指的就是因爲無法忍受被挑釁，急躁易怒，就容易因被敵凌侮而妄動。「按耐得住」很重要，也許你的行動看起來就是「吞忍」，但是要再強調一次「按耐」不是「忍耐」，「按耐」有它的目標跟計畫。

- 在困難、逆境下要能堅定不移：即使你有弱點，居劣勢，也要堅定不移，有計畫的行動。知道自己會害怕、懦弱，所以，更要培養自己的勇敢跟堅強。在職場中，畏難怕苦是最糟糕的，因為「耐性」、「勇氣」、「堅定不移」會因此離你遠去。

要擁有「耐心」這種能力，要先懂得人性，能知時度勢，還要會謀略，所以會引用孫子兵法。孫子本身就是心理學大師，他的兵法精隨很多都在人性，像是如何瞭解人性、利用人性，甚至製造人性的矛盾來獲勝。「耐心」也是其兵法的精隨，「耐心」就像孫子兵法說的：**「不可勝者，守也⋯善守者，藏於九地之下」**，是在避開敵人的陷阱，等待轉守為攻，做攻擊前的準備。

除非你對人生沒有企圖心，不在乎中年失業會落得一個辛苦的老年，甚至變成下流老人，否則切記「職場如戰場」，輸掉一次升遷的後果對個人來說，不遜於國家輸掉一場戰役。當你在三十歲左右喪失了升遷的機會，你很難可以再得到好的發展；當你在五十歲之前喪失了改變的勇氣，像是創業，大概職場生涯就此告一段落。所以，我們不是用「發洩」（那就會「忿速可侮」），或「忍耐」來處理情緒，乞求一天、一時可以平順度過就好；「耐心」是一種情緒武器，用來幫助你取得職場上對戰的勝利。

最後的測試，決戰的關鍵，情緒的巨人──「不屈不撓的堅持」

台大婦產科名醫的故事

當年在台大醫院婦產科實習的時候，遇到了一件讓我印象超級深刻的事情。那是一台早上的刀，我跟總住院醫師已經刷好手，站在手術台邊做好了消毒等準備工作，一位白髮蒼蒼的老教授緩緩地走了進來。那時台大還沒明定退休的年齡，我猜他應該有七十歲了吧！在平常的教學或會議中都不曾出現過。當他要在病人的肚皮上畫下第一刀之前，總醫師用兩手幫忙把肚皮撐開，除方便下刀之外，病人傷口的復原也比較好。

可是，那隻已經明顯顫抖的手，第一刀不是畫在病人的肚皮上，而是直接割在總醫師的食指上，當場每一個人都愣住了。但只見總醫師把手一抬，跟旁邊的護士小姐冷冷的說：「請再幫我套一隻手套。」然後手術就這樣繼續下去直到結束，好像什麼事都不曾發生過，超酷！

老實說，目睹了這種的耐力之後，腦子甚至都已經忘了那台刀在開什麼，只記得不是什麼大手術，半個小時就完成了。但是腦子裡永遠鮮明的烙印著，那隻手套裡食指的位置積滿了鮮血。我曾自己被手術刀劃過，只是換刀片時不小心輕輕的劃了一下，可是很痛，血也很難止，因爲那種刀片超級鋒利。總醫師被劃的那一刀並不是很淺，我可以想像得到有多痛，流出來的血只會讓傷口更痛，但是他面不改色，盡快幫忙完成手術，不然呢？臨時找誰來替？讓大概已經是巴金森氏症的老教授自己來？實習醫師可是什麼都不會呢。

那是我第一次眞正看到、體會到什麼叫做「堅忍不拔的毅力」，他後來成爲了非常有名的產科醫師，VIP們都指名要他接生。

DYSON 吸塵器的故事

故事始於一九七八年，James Dyson 發現吸塵器的集塵袋會減弱吸塵器的吸力，於是他決定研發更棒的系統。但是要實現這個想法，他五年內失敗了五千一百二十七個原型機，到了一九八三年才終於在自家車庫裡研發出第一款眞空吸塵器。這漫長的五年，Dyson 負債累累，家計全需仰賴太太的工作，就像當年李安大導演還未成功時一樣。

即使新機器的效果跟舊式吸塵器比起來眞的好很多，但是這個劃時代的發明，一開始竟被英美衆多大廠們紛紛打回票，到最後Dyson甚至必須遠渡重洋，將初期的原型賣給一家日本設計公司，因爲日本公司覺得貴婦們會捨得花錢購買一個新奇又好用的產品。結果當然就是一炮而紅，到了現在已經是很多家庭必備的家電產品，也是時尚的代名詞，改變了整個吸塵器，甚至吹風機的歷史。

Dyson說：「如果有人認爲我辦不到，我的第一個念頭就是『我當然辦得到』，所以不管有多少人拒絕我，我都不會氣餒。」他說：「幸好我有果斷的決心，我認爲如果想完成一件難事，就必須要有一定的堅持不懈。」

對一個職場新鮮人來說，有多少人會自己主動去做困難的事？甚至是期待可以發生困難的事，讓自己有發揮、出頭的機會呢？更不要說那位Dyson先生口中的「堅持」了。

我的同學是心臟科的教授，他人很好，但是講話一向比較直。有一次聚餐時，他就跟一群同學們抱怨：「以前啊！我們在學校動不動就當衆被教授罵，甚至還會被摔病歷，也沒人會抗議。現在的學生我都還沒罵人，只要講話兇一點就被投訴，時代眞的不一樣了。」

時代眞的不一樣了，像是社會新鮮人，有些父母還會去上班的地方拜訪，跟主管聊天拉交情；甚至遇到加班太多，父母還會去跟主管抱怨、抗議。這些雖然是極少數，但是願意刻苦耐勞的人確實比以前少了，願意實實在在做事的，願意堅持不懈的，其實也變少了，更遑論挑戰？吃苦？

年輕人一定不服氣，會說「哪有？」覺得自己很努力，都是那些長官們不合理的要求，「要是都照做，那不就變成「慣老闆」了嗎？」是啊！是啊？很早很早以前當實習醫師的時候，我們都會被要求幫病人做一些徒手的身體檢查，這邊摸摸看、哪邊敲敲聽聽。從頭到腳要做得很確實，一次至少要做上半個小時，如果你一天進來三個新病人，意思是你大概要晚兩個小時下班，那差不多是晚上八、九點。

但是現在的醫生，尤其是年輕一輩，聽到病人哪裡不舒服，幾乎都是直接安排檢驗，不會親自動手幫病人摸摸、敲敲，不是嗎？既然都有電腦斷層、核磁共振這些先進的機器，徒手檢查完也要機器做最後的確診，幹嘛要堅持自己先做？但要是哪天大停電，或者到偏遠地區看診，是不是醫師都不會看病了呢？平常都不做，我高度懷疑眞的會很生疏，甚至都忘了呢？而且要是病人說不出症狀，或忘了說呢？第一次看病人，好好從頭到腳的做徒手檢查是有其必要的，每個檢查都做的話，保證健保鐵破產。

在公司裏面也是這樣，大家都喜歡打順風球，最好錢多事少、沒事少來煩他；看到困難任務先躲的人多，願意主動面對困難工作的少；至於喜歡主動挑戰，像 Dyson 先生充滿好奇、又願意吃苦的應該是非常少。既然一樣都是領薪水，幹嘛堅持要比別人多辛苦一點呢？上面要求？投訴他沒人性？抬出勞動條件訴苦？

那「堅持不懈」呢？願意爲了一個想法花上五年，而且一做就超過五千部原型機，那代表要接受超過五千次的挫折，最後還要忍受許多大公司的拒絕，可以「堅持」到最後的又能有多少？台灣這幾年來開始出現一些以前我們聽都沒聽過、想都沒想過的世界冠軍，像是做麵包、泡咖啡。

冠軍達人們所提到的成功祕訣也都跟Dyson先生一樣，拋開別人的質疑，相信「我當然辦得到」。也會說：「幸好我有果斷的決心，我認爲如果想完成一件難事，就必須要有一定的堅持。」而這種「不懈的堅持」，才是眞正讓我們可以拋開壞情緒，變成情緒巨人、職場勝利者的終極武器。

避免期待與現實落差、設定與現實不符，達不到的錯誤目標

可是佛教不是說要破「我執」嗎？心理學的認知行爲治療不是說，我們不能太要求完美、太堅持嗎？萬一我不像Dyson先生那麼聰明，不像麵包冠軍吳寶春先生那麼有體力，那麼過度「不懈的堅持」不是害了自己嗎？

心理學的「自我期待跟現實落差」理論

有一個心理學理論是講：「當一個人對自我的期待跟現實之間的差距越大，受挫的機率越高，憂鬱的機會也會跟著增加。」我的門診中有許多年輕的病人，爲了出國念書，或者考取公職，經年累月的準備考試，到最後焦慮、失眠，甚

至得了強迫症、憂鬱症。他們有些對自己有過高的盼望，或者也是爲了滿足家人對他們的期待，忽略了並不是努力就一定會成功，除了天分，也要知道如何努力。

可是剛剛不是才講「不懈的堅持」嗎？這下「堅持」怎麼又不對了？其實「什麼時候要堅持什麼？」才是最值錢的兩個問題。就像《致富的理論（Theory of Getting Rich）》整本書，雖然不厚，都在重複同一個主題：「在對的時間做對的事情」，任何一個讀者一定都會問「對的事情」是什麼？那什麼時候又是「對的時間」？

「對的時間」？Dyson 吸塵器就是一個很好的例子，因爲日本的貴婦對品質的要求遠高於對價錢的計較，這才是 Dyson 吸塵器成功的時機。沒有亂世，哪來商鞅、張儀、韓信？

「對的事情」，假如每個人都可以靠努力成功，爲什麼孫子兵法至今都是軍事學院的經典，無人可出其右？就是詩仙李白講的：「天生我材必有用」，要找到自己的專才。台灣得到世界泡咖啡冠軍的是一位電機系研究所畢業的高材生，可能有人會覺得這樣有比較好嗎？得到世界冠軍又怎樣？這是個見仁見智的問題。整天坐辦公室的高級白領會好到那裡去嗎？一堆中年失業的悲慘例子最近陸陸續續出現在我的門診。當自動化的時代來臨，這樣的狀況只會越來越嚴重。

歐美的銀行因爲自動化都已經大裁員了，日本的一些大銀行也預計在五年內收掉三〇%的分行，屆時會有多少原先捧著金飯碗的人要失業呢？台灣最近自動化的腳步也加快了，看著銀行裡排隊的客戶越來越少，大量裁員的那一天也不會太久了。未來的放射線科、病理科，甚至皮膚科醫師也都會因大數據跟人工智慧有失業的危機。所以，除了專才之外，瞭解趨勢的變化，選對行業也是「作對的事情」很重要的因素。

人生是隨意的漫步、一個接一個的百米衝刺，還是跑馬拉松？

很多人、很多書在講職場，專注在幫大家解決眼前常見的難題，或如何做得更好，卻忽略了未來的遠景，像是網路跟自動化對行業帶來的影響。學習怎樣做報告、怎麼用電腦軟體、怎樣克服上台的焦慮、學會怎樣跟同事相處、怎樣跟上司維持良好的關係⋯⋯，這些在職場都很重要。這些都是我們當下要做的事情，是一個活在職場當下的橫斷面，就是生活的一部分。

但是我們下一個職位呢？創業機會呢？最終的目標呢？這些就是「職涯」，一個常常被忽略的時間縱斷面。很少有人會講到「職涯」，因為天邊的彩霞不切實際？更多人會講：「計畫趕不上變化」（我最討厭講這句話的人，要鞭策自己把變化涵蓋在計畫裡才是對的，要能掌握趨勢）。

其實更重要的是，職涯往往是必須量身訂做的，很難用演講、課程去說明。更何況世界變化這麼快，往往那些知名人士在台上侃侃而談他們過往的豐功偉業時，他們成功的經驗絕大多數已經成了昨日黃花，早已不再適用。尤其等到自動化眞正來臨的時候，目前包括《哈佛商業評論》跟英國倫敦的研究，都把那個造成大規模裁員，甚至經濟衰退的時間放在二〇三〇年，很遠嗎？對這本書所設定的讀者是二十五至三十五歲，那時都還不到五十歲呢！

拋開自動化的議題，基本的問題是：爲什麼有些人從一而終，有些人卻一年換二十四個頭家？爲什麼有些人可以一路順風，很快做到總經理，有些人卻做一輩子行政專員？該如何選擇公司？離開的時機是什麼？創業怎樣可以成功？而成功怎樣持續、怎樣轉型？很多因素會隨著時間演變，不同的狀況會有不同的課題，就像我們的人生，不同的時間會有不同的角色跟困難，從嬰兒到老死。

事實上，即使是專業技術領域，也不是都會一成不變，像很多人會想自己大概要做一輩子的工程師，是這樣嗎？比如說你進到一家大公司當研發專員，下一步呢？一直做研發嗎？要到了五十歲升到大主管，然後才發現自己江郎才盡，甚至你的專長已經是黃昏產業。如果你善於跟人應酬溝通，你可以轉作客戶的行銷與業務，作爲研發部門跟外界的橋樑，搞不好還有機會做執行長，甚至自行創業。所以，職涯就像是我們的人生，有時一帆風順，有時也會不斷遭遇挫折；有時先苦後甜，有時也會贏在起跑點，最後卻是落魄潦倒。

重點是你怎麼看職涯？

- 隨意的漫步：工作只是爲了賺錢，期待快樂的情緒，不留神外在環境的改變，也缺乏熱情跟計畫。這叫看天吃飯，靠老天爺賞飯吃，很可能會被淹沒在下一波自動化的狂潮裡。
- 一個接一個的百米衝刺：有些人喜歡成就感，也有些人天生可以被鞭策，連續不斷的百米衝刺，忘了休息，不能休息，甚至過勞死。像郭台銘董事長精力無比充沛、學習能力超強，連生小孩也比人家厲害，這是天生異稟，但對絕大多數的人來說，這眞的要量力而爲。

其實不管你怎麼想、怎麼做，只要你做得夠久、活得夠久，都是在跑馬拉松，而跑馬拉松，不可或缺的就是「不懈的堅持」跟「做情緒的主人」。

「一個人生命中能達到最了不起的成就，無非就是發現自己，並且勇敢地成爲自己。」——侯文詠《我的天才夢》

發現自己並不是件容易的事，有些人念了二十年的書，才發現自己最喜歡泡咖啡、分享咖啡。有些人練了十幾年的舞，一直到最後一步，才發現自己無法達到顚峰，轉而成爲知名學者。要勇敢的成爲自己更是條漫長的道路，是一場延續數十年的馬拉松。不管有沒有跑過，大家應該都會同意，要跑完馬拉松，必定要有堅持不懈的「情緒力」。

侯文詠是我的高中同學，他最近除了寫作，也開始學習跑馬拉松，或許這是因爲他人生到了半百之年的一種體悟。在職涯的馬拉松中：

- 每個人都會有一個起點，不要抱怨起點不一樣：這跟一百公尺賽跑不一樣，因爲馬拉松是很漫長的。不要計較剛開始輸了的家世、學歷，其實那也只是賽程中短短的一段，你有很多機會可以彌補。
- 當你上了路，就只有一件事重要，那就是好好地跑抵終點：職涯馬拉松難在每個人的終點都不盡相同，不管是泡出最好的咖啡，或者成爲炸雞排的博士。在跑馬拉松的過程中，我們其實也在慢慢發現自己，有些人到了四十多歲發現父母老了，回家接手傳統糕餅店，在文化跟家道傳承中發現了溫暖、生命的力量，同時也照顧了父母。不一定每個人都要當到總統、執行長，最重要是「勇敢地成爲自己」、「做自己」。

- 跑馬拉松需要持續的自律、練習跟學習：生活飲食要自律，不斷的練習跟保持狀態也要自律，還有侯文詠說：「跑馬拉松也是有學問的，要跟老師學習。」其實我們也可以傻傻地跑啦！那些山裡面的孩子每天上學走的路，搞不好比我們一個月走的都多，跑馬拉松問題應該不大。但是學習也不錯啊！有時候是很大的幫助，也給工作跟生活帶來成就感。有時我們自己一個小小的缺點，像是小傲慢，不做改變的話，也會讓你在職涯馬拉松中吃盡苦頭。
- 我們會跑在人群中，有時颳風又下雨，但是馬拉松不會停：馬拉松中如何脱離擁擠的人群是個重要的問題、找到一個不錯的伴共同跑一段也很棒、孤獨有時也難免⋯，這些都是職涯的議題，也是人生的課題。
- 拋開心中一切，控制好自己的速度：所有的情緒在開始進入跑道時都會消失，也不會因爲被超越而焦慮、被絆倒而生氣。只有眼前延伸的漫漫長路，練習傾聽自己的呼吸、心跳跟身體；按照自己的配速穩定前進，唯有如此才能安抵終點。路很長，心情要堅定，最要緊的是抵達終點。那裡有棵樹，它龐大的樹蔭下有最平坦而柔軟的草地、甜美的水，以及最好的風。

請愛自己：「愛是耐心，愛是親切；愛是不嫉妒、不自誇、不張狂，不做羞辱他人的事；愛是凡事盼望，愛是凡事不屈不撓。」

台灣廣廈 國際出版集團
Taiwan Mansion International Group

國家圖書館出版品預行編目（CIP）資料

防不勝防的卑鄙大人
與惡零距離，暗箭傷人才是本性！精神科名醫教你打敗暗黑人性，
跨越職場與人生中的種種難關 / 黃偉俐著
-- 初版. -- 新北市：臺灣廣廈, 2019.11
面；　公分. -- (sense；49)
ISBN 978-986-130-441-0 (平裝)
1.職場成功法 2.工作心理學 3.應用心理學

494.35　　108009040

財經傳訊
TIME & MONEY

防不勝防的卑鄙大人

與惡零距離，暗箭傷人才是本性！精神科名醫教你打敗暗黑人性，
跨越職場與人生中的種種難關

作　　者／黃偉俐
編輯中心／第五編輯室
編 輯 長／方宗廉
封面設計／16設計有限公司・**內頁排版**／林雅慧
製版・印刷・裝訂／東豪・紘億・秉成

行企研發中心總監／陳冠蒨
整合行銷組／陳宜鈴・**媒體公關組**／陳柔彣・**綜合業務**／何欣穎

發 行 人／江媛珍
法律顧問／第一國際法律事務所 余淑杏律師・北辰著作權事務所 蕭雄淋律師
出　　版／財經傳訊
發　　行／台灣廣廈
地址：新北市235中和區中山路二段359巷7號2樓
電話：（886）2-2225-5777・傳真：（886）2-2225-8052

全球總經銷／知遠文化事業有限公司
地址：新北市222深坑區北深路三段155巷25號5樓
電話：（886）2-2664-8800・傳真：（886）2-2664-8801
網址：www.booknews.com.tw（博訊書網）
郵政劃撥／劃撥帳號：18836722
劃撥戶名：知遠文化事業有限公司（※單次購書金額未達500元，請另付60元郵資。）

■出版日期：2019年11月
ISBN：978-986-130-441-0